Physikalische Werkstoffdiagnostik

Jürgen Bauch · Rüdiger Rosenkranz

Physikalische Werkstoffdiagnostik

Ein Kompendium wichtiger Analytikmethoden für Ingenieure und Physiker

Jürgen Bauch
Dresden, Deutschland

Rüdiger Rosenkranz
Dresden, Deutschland

ISBN 978-3-662-53951-4 ISBN 978-3-662-53952-1 (eBook)
DOI 10.1007/978-3-662-53952-1

Die Deutsche Nationalbibliothek verzeichnet diese Publikation in der Deutschen Nationalbibliografie; detaillierte bibliografische Daten sind im Internet über http://dnb.d-nb.de abrufbar.

Springer Vieweg

Gedruckt auf säurefreiem und chlorfrei gebleichtem Papier

Springer Vieweg ist Teil von Springer Nature
Die eingetragene Gesellschaft ist Springer-Verlag GmbH Deutschland
Die Anschrift der Gesellschaft ist: Heidelberger Platz 3, 14197 Berlin, Germany

Vorwort

Die Autoren arbeiten, forschen und lehren seit vielen Jahren in verantwortlichen Positionen auf dem Gebiet der Physikalischen Werkstoffdiagnostik am Institut für Werkstoffwissenschaft der Technischen Universität bzw. am Fraunhofer-Institut IKTS in Dresden.

Die moderne Werkstoffwissenschaft ist der Schlüssel für Innovationen in der Energietechnik, im Fahrzeug- und Maschinenbau, in der Luft- und Raumfahrt, in der Mikro- und Nanoelektronik sowie in anderen Branchen. Damit verbunden sowie mit den Herausforderungen der Nanotechnik gekoppelt, entwickelt sich notwendigerweise die Physikalische Werkstoffdiagnostik. Sie stellt mittlerweile ein dynamisch wachsendes Wissensgebiet dar, welches auf den Grundlagen der Festkörperphysik, der Mathematik und Geometrie sowie der Informatik aufbaut.
Dieses als Kompendium ausgeführte Praktikerbuch bietet eine kompakte Übersicht zu (vorerst) 50 wichtigen werkstoffanalytischen Verfahren, die jeweils auf einer Doppelseite kurz und übersichtlich dargestellt werden. Diese Verfahren dienen der Ermittlung von Eigenschaften und Defekten im makroskopischen, mikroskopischen und nanoskopischen Bereich. Darunter fällt insbesondere die Bestimmung der Materialzusammensetzung, der Kristallstruktur, der Phasen und der Realstruktur (z.B. Gitterkonstanten, Orientierungen, Eigenspannungen, Versetzungsdichten, Strukturdefekte) sowie weiterer werkstoffrelevanter Größen an Proben und Bauteilen. Der inhaltliche Zugang erfolgt wahlweise über die Anwendungsgebiete mit zugehörigen Verfahren oder über die Übersicht nach Verfahrensgruppen. In komprimierter Form werden die einzelnen Methodenbeschreibungen nach Anwendungen, Funktionsprinzip, Leistungsprofil und Probenpräparation untergliedert sowie mit jeweils typischen Instrumentierungs- und Applikationsbeispielen komplettiert.
Dieses übersichtlich gestaltete Werk empfiehlt sich für Ingenieure und Physiker in wissenschaftlichen Institutionen sowie in fast allen Bereichen der Industrie. Ebenso ist es für Studierende und Doktoranden der Werkstoffwissenschaft, der Elektrotechnik sowie der Physik hilfreich.

Das Kompendium soll einen ersten Einstieg zur zeiteffektiven und zielsicheren Auswahl werkstoffdiagnostischer Methoden bieten.

Die Auflage ist durchgängig farbig gestaltet und erleichtert mit entsprechenden Markern an den Seitenrändern und einem grafischen Inhaltsverzeichnis die Auffindung der einzelnen Verfahren.

Die Texte und Grafiken wurden mit besonderer Sorgfalt erarbeitet und überprüft. Trotzdem sind Fehler nicht völlig ausgeschlossen. Autoren und Verlag weisen darauf hin, dass sie für die Fehlerfreiheit keine Gewährleistung und für Folgen aus Fehlern keine Haftung übernehmen.

Dresden, Dezember 2016 — Jürgen Bauch und Rüdiger Rosenkranz

Methodenübersicht nach Anwendungsgebieten *(mit Seitenzahlen)*

Anwendungsgebiet	Verfahren
Bestimmung von Kristallstrukturen, Gitterparametern, Orientierungen und Eigenspannungen (ggf. hochortsauflösend, Mappings)	LAUE 42, XRD 44, KT 46, RDS 48, NBD 58, EBSD 56, RS 82, SNOM 4
Querschnittsabbildung, Topographie, Durchstrahlung, Gefügedarstellung, Ungänzen, Grenzflächen	VLM 2, REM 6, TEM 8, AFM 16, XCT 28, XCL 30, Thermographie 22, RGS 26, XRM 32, SNOM 4, HIM 12, XRT 52, EBSD 56, SAM 96, US 94, EC 98
Bildgebende Methoden mit höchster Auflösung	TEM 8, AFM 16, 3D-AP 20, HIM 12, EFTEM 10
3D-Abbildungen (Tomographie)	TEM 8, FIB 14, XCT 28, 3D-AP 20, XRM 32
Versetzungsdichteabschätzung und ggf. Versetzungsabbildung	KT 46, RDS 48, XRT 52, TEM 8, EBIC, EBAC 34, EBSD 56
Phasenanalyse und -diskriminierung	XRD 44, EBSD (bedingt) 56
Texturanalyse und -komponenten	EBSD 56, XRD 44
Multielementanalyse	EDX 60, WDX 62, ED-/WD-RFA 64, TXRF 66, XPS 68, XRD 44, AES 72, EELS 74, LEIS, MEIS 78, RBS 80, GDOES 84, RS 82, TEM + Zusatz 8, REM + Zusatz 6, EFTEM 10
Morphologie (Partikelgröße, -form und -verteilung)	SAXS 54, XRT 52, REM 6, 3D-AP 20, TEM 8, AFM 16
Schichtanalytik (Aufbau, Dicke, Dichte, Rauheit, Zusammensetzung, ggf. Multilayerperioden, Tiefenprofilanalyse, magnetische Domänen)	XRR 50, XRD 44, XPS 68, ED-/WD-RFA 64, AFM 16, REM 6, Thermographie 22, XCL 30, 3D-AP 20, AES 72, EELS 74, LEIS, MEIS 78, RBS 80, SIMS 76, GDOES 84, VASE 88, FTIR 86, US 94, SAM 96, EC 98, EFTEM 10, KERR 18
Fehleranalyse und Prozesskontrolle in der Halbleiterproduktion (Fehlerlokalisierung, elektrische Ausfälle, Fehlprozessierungen, Kontrolle kritischer Dimensionen, Verunreinigungen, Kontaminationen, Schichten, Spurenelemente, Maskeninspektion)	EBIC, EBAC 34, OBIRCH 36, EBI 38, VC 40, FIB 14, Thermographie 22, REM + Zusatz 6, SNOM 4, HIM 12, EFTEM 10, RBS 80, SIMS 76, LEIS, MEIS 78, AES 72, EELS 74, EDX 60, TXRF 66, XRR 50
Bestimmung spezieller Eigenschaften (z.B. Bindungsverhältnisse, Bandstruktur, Verbiegungen, opt. und magn. Eigenschaften)	XPS 68, TEM + Zusatz 8, TherMoiré 24, VASE 88, VSM 100, KERR 18
Biomaterialien (z.B. Proteinanalytik)	SAXS 54, LAUE 42, SNOM 4, EELS 74
Polymerwerkstoffe	FTIR 86, GDOES 84, LEIS, MEIS 78, XPS 68, Thermographie 22, SNOM 4, EC 98
Thermische Eigenschaften	DTA 90, DSC 92

Methodenübersicht nach Verfahrensgruppen *(mit Seitenzahlen)*

Methodenverzeichnis *(mit Seitenzahlen)*

Nutzungshinweise:

- Seite VI enthält eine Methodenübersicht nach Anwendungsgebieten. Sie dient der schnellen Auffindung einer Methode, wenn die werkstoffwissenschaftliche Aufgabenstellung bereits gegeben ist.

  Beispiel:
  Anwendungsgebiet „Schichtanalytik" (linke Spalte) → „Verfahren" (rechte Spalte) → 22 Methoden → Wahl von XRR 50 (Röntgenreflektometrie auf Seite 50)

- Auf Seite VII sind die Methoden nach Verfahrensgruppen geordnet. Hier erschließt sich auch die im Buch angewendete Farbkennzeichnung.

  Beispiel:
  Verfahrensgruppe „Bildgebende Verfahren" (linke Spalte) → „Verfahren" (rechte Spalte) → 20 Methoden → Wahl von TEM 8 (Transmissionselektronenmikroskopie auf Seite 8)

- Seite VIII entspricht einem klassischen Inhaltsverzeichnis mit aufsteigenden Seitenzahlen, wobei hier alle Abkürzungen erklärt werden.

  Beispiel:
  „Totalreflexions-Röntgenfluoreszenzanalyse" → TXRF 66 (Seite 66)

- Die farbigen Kästchen mit den Methodennamen enthalten stets die zugehörige Seitenzahl.

- ↗ Verfahrenskürzel, die mit einem blauen Pfeil gekennzeichnet sind, verweisen auf andere, im Buch enthaltene Methoden.

  Beispiel: ↗AFM

VLM - Lichtmikroskopie

VLM - Visible-Light Microscopy

Anwendungen:

- Optische Abbildung des Gefüges (Gefügebestandteile und deren Grenzbereiche) in der Materialographie und Petrographie
- Unterscheidung von Phasen auf Grund unterschiedlichen optischen Reflexionsvermögens
- Optische Dokumentation in der Schadensfallanalyse (z.B. Bruchaussehen, Rissortung)
- Visualisierung der Oberflächentopographie mittels differentieller Interferenzmikroskopie

Funktionsprinzip:

Erste Mikroskope wurden von Z. JANSSEN und A. v. LEEUWENHOEK bereits im 17. Jh. gebaut. Spätere Wegbereiter des Gerätes waren u.a. O. SCHOTT (Linsengläser), E. ABBE (Physik) und A. KÖHLER (Beleuchtung). Das vom Objekt kommende Licht wird durch eine Kombination von zwei Linsen (Objektiv und Okular) optisch abgebildet, wobei vom Objektiv zunächst ein reelles Zwischenbild erzeugt wird, das durch das Okular vergrößert betrachtet werden kann. Die Auflösungsgrenze d_{min} mit Kondensor (Abbe-Limit) berechnet sich zu $d_{min} = \lambda/(2n\sin\alpha)$ mit λ als Wellenlänge des Abbildungsmediums, n als Brechzahl des Mediums zwischen Probe und Objektiv sowie α als Aperturwinkel (halber Öffnungswinkel) des Objektivs. Daraus ergeben sich förderliche Vergrößerungen von typisch 1000:1 (max. 2000:1 mit Immersionsöl). Neuere methodische Ansätze erlauben Auflösungen jenseits der Abbe-Grenze (Rayleigh-Kriterium). Grundsätzlich werden Auflicht- (breite Anwendung in der Metallographie) und Durchlichtmikroskopie (Anwendung in der Petrographie und bei Bio-Präparaten) unterschieden. Beide Varianten nutzen das Köhler'sche Beleuchtungsprinzip und können im Hellfeld- oder Dunkelfeldmodus (senkrechter Lichteinfall mit großer Lichtausbeute bzw. schräger Einfall mit geringer Lichtausbeute im Objektiv) betrieben werden. Speziell ausgerüstete Auflichtsysteme nutzen den differentiellen Interferenzkontrast (DIK) nach Nomarski (modifiziertes Wollaston-Prisma und polarisiertes Licht) zur Abbildung der Oberflächentopographie oder werden als Interferenzmikroskope zur Vermessung von Oberflächenreliefs bis in den nm-Bereich eingesetzt. Eine weitere Variante ist die Polarisationsmikroskopie mittels zweier Nicol'scher Prismen/Polarisationsfolien zur Untersuchung von nichtkubischen Substanzen. Binokularmikroskope haben zwei Okulare und können mit beiden Augen genutzt werden. Mikroskope mit zwei vollständig getrennten Strahlengängen, die einen jeweils leicht geänderten Betrachtungswinkel haben, heißen Stereomikroskope und vermitteln einen räumlichen Eindruck.

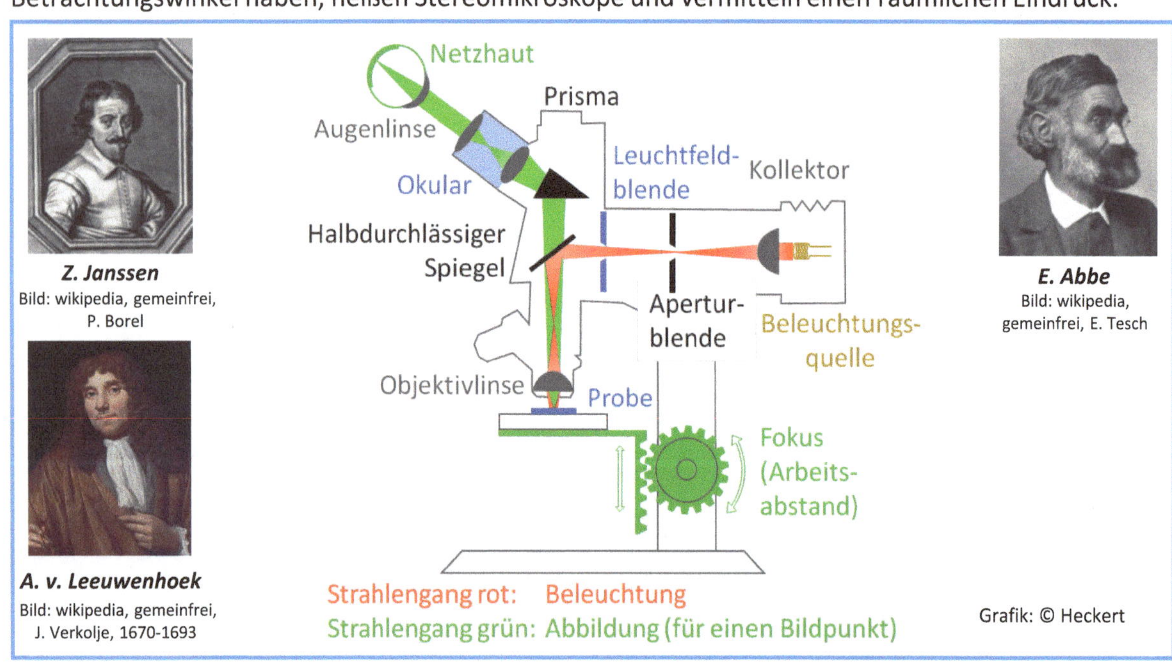

Z. Janssen
Bild: wikipedia, gemeinfrei, P. Borel

A. v. Leeuwenhoek
Bild: wikipedia, gemeinfrei, J. Verkolje, 1670-1693

E. Abbe
Bild: wikipedia, gemeinfrei, E. Tesch

Strahlengang rot: Beleuchtung
Strahlengang grün: Abbildung (für einen Bildpunkt)

Grafik: © Heckert

Leistungsprofil und -grenzen:

- Förderliche Vergrößerung bis max. 2000-fach (unter Verwendung von Immersionsflüssigkeit)

Probenpräparation:

- Keine störenden Deckschichten, bei Durchlichtmikroskopie dünne transparente Proben
- Häufig Anfertigung eines polierten und oft nachfolgend kontrastierten Schliffes erforderlich

Instrumentierung und Beispiele:

- Auflicht- und Durchlichtmikroskope (jeweils mit Hellfeld- oder Dunkelfeldbeleuchtung)
- Spezielle Auflichtsysteme: differentieller Interferenzkontrast (DIK), Interferenzmikroskope
- Weitere spezielle Systeme: Polarisationsmikroskop, Binokularmikroskop, Stereomikroskop

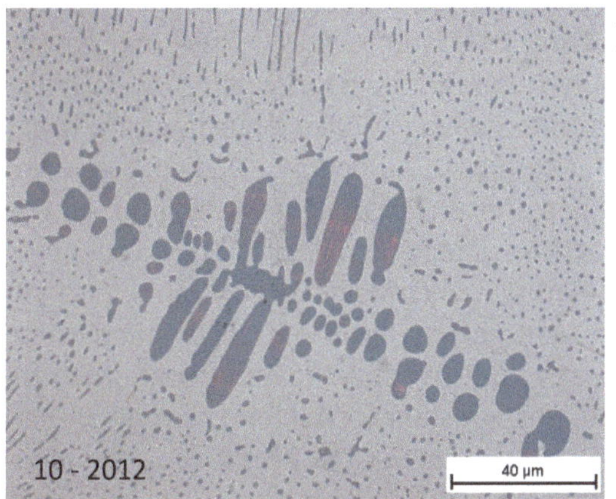

1

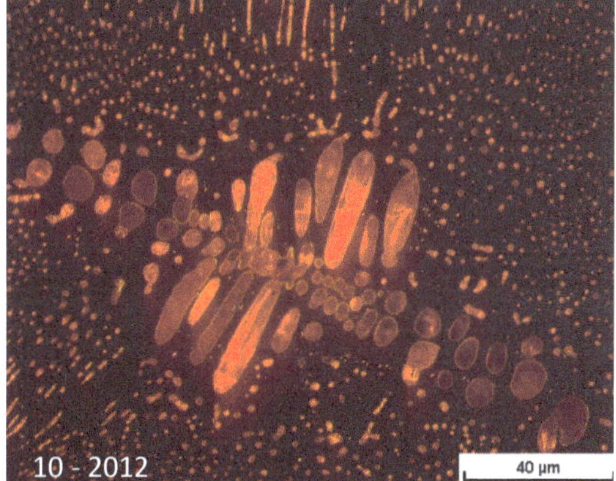

2

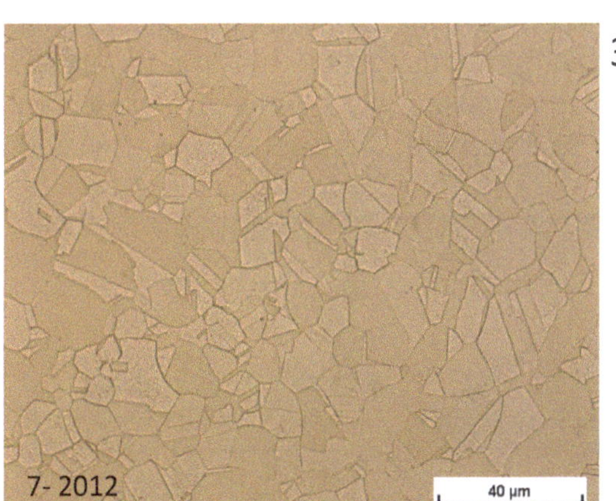

3

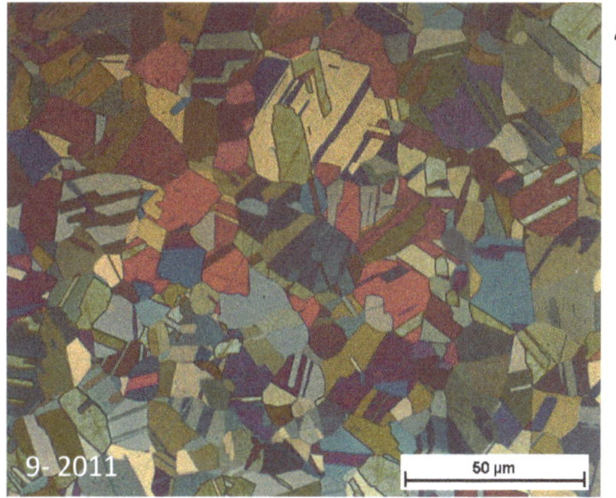

4

5

Aufnahmen: Bildarchiv Metallographie des IfWW der TUD

1 Cu(I)-oxid in Cu-Matrix (polierter Schliff, Hellfeld 500-fach)
2 Cu(I)-oxid in Cu-Matrix (polierter Schliff, Dunkelfeld 500-fach)
3 Reinkupfer (Korngrenzenätzung, Hellfeld 500-fach)
4 Reinkupfer (Farbätzung nach Klemm, Polarisationskontrast 500-fach)
5 Reinkupfer (Ätzrelief, differenzieller Interferenzkontrast DIK 500-fach)

SNOM - Optische Rasternahfeldmikroskopie

SNOM - Scanning Near Field Optical Microscopy

Anwendungen:

- Analyse von Chips (Gateoxidschäden, Ladungsträger- und Dotierkonzentrationen, pn-Übergänge)
- Lokale Stress-Verteilung, Materialanalyse (z.B. strukturelle Phasenübergänge in Oxiden mit Mikrodomänen), Materialidentifikation (s. Applikationsbeispiel)
- Polymerforschung (z.B. Abbildung von Mikrodomänen)
- Charakterisierung von Quantenpunkten und anderen Nanostrukturen
- Medizin und Biologie (Verteilung spezieller Proteine sowie von DNA und RNA in Zellkernen, Untersuchungen an lebenden Zellen und an mit Kontrastmitteln markierten Gewebe, Neuronen usw.)

Funktionsprinzip:

Bei der optischen Rasternahfeldmikroskopie gelingt es, das in der Lichtmikroskopie ↗VLM geltende Abbe-Auflösungslimit durch eine spezielle Messanordnung zu unterschreiten. Die Idee dazu wurde schon 1928 von E. H. SYNGE geäußert, doch erst im Jahre 1981 stellte D. W. POHL ein erstes funktionsfähiges Gerät vor. Das Licht wird durch eine hohle Messspitze geleitet, welche am Ende eine mikroskopische Apertur besitzt. Ihre Abmessung liegt unterhalb der Wellenlänge der benutzten Strahlung, so dass diese durch die Öffnung hindurch tunneln muss. Die dadurch bedingte geringe Intensität am Austrittspunkt kann man mit sogenannten aperturlosen Spitzen aus Metall (Ag, Au, W) oder Silizium umgehen. Diese werden meist für Strahlung im nahen und mittleren Infrarotbereich verwendet. Die Probe wird wenige Nanometer entfernt von der Austrittsstelle des Lichts, also im Nahfeld, positioniert. Das reflektierte oder transmittierte Licht gelangt in einen hochempfindlichen Detektor, dessen Ausgangssignal zur Bilddarstellung benutzt wird. Um ein zweidimensionales Bild zu erhalten, muss die Spitze in mikroskopischen Bereichen und mit konstantem Abstand über die Probe gescannt werden. Dies ist nur unter Verwendung des Prinzips möglich, das der Methode ↗AFM und den anderen Rastersondenverfahren zugrunde liegt. Für die Beleuchtung kommen vor allem Laser zum Einsatz, um die erforderlichen hohen Beleuchtungsdichten zu erzielen. Es ist auch möglich, den Laserstrahl von außen auf die Probe zu richten und die Spitze zum Sammeln des reflektierten Lichtes zu verwenden (Kollektionsmodus). Auch für die Detektion der Strahlung gibt es zahlreiche Varianten, wie Photomultiplier, Avalanche-Photodioden, CCDs oder Spektrometer, so dass auch verschiedenartige Signale zur Bilddarstellung genutzt werden können.

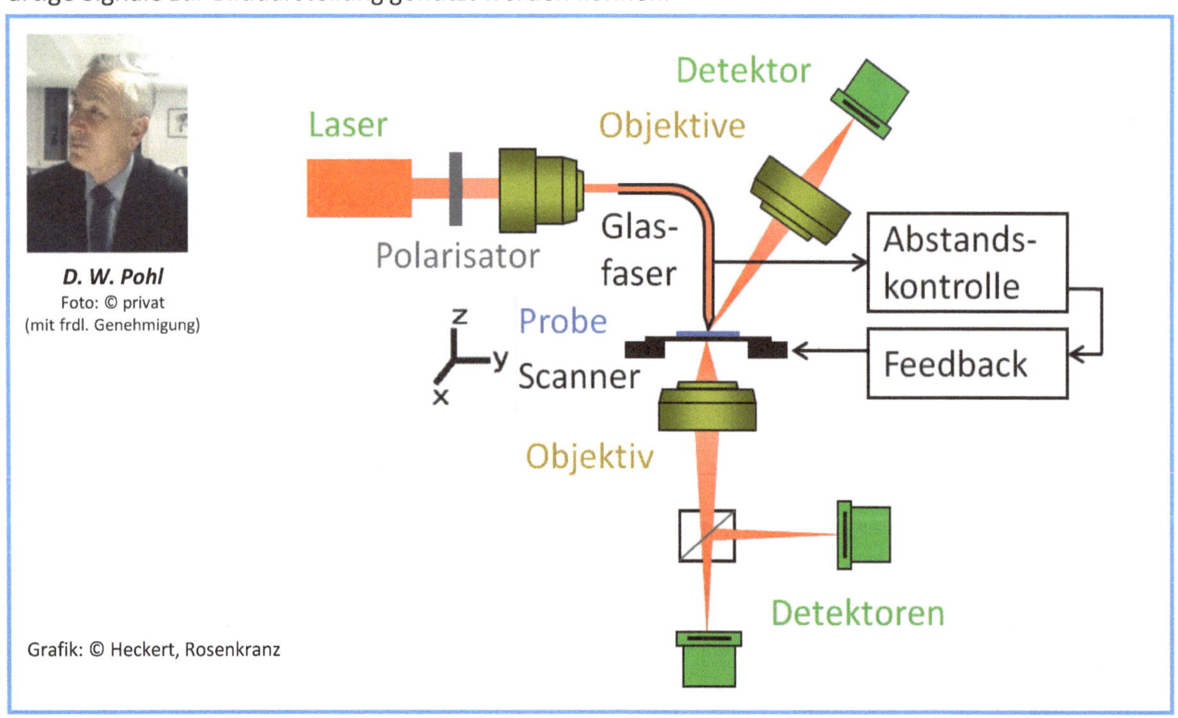

D. W. Pohl
Foto: © privat
(mit frdl. Genehmigung)

Grafik: © Heckert, Rosenkranz

Leistungsprofil und -grenzen:

- Auflösung: typisch 30 bis 50 nm (geräteabhängig vereinzelt bis 3 nm)
- Zerstörungsfrei
- Kein Vakuum erforderlich
- Verwendete Lichtwellenlängen: sichtbares Licht bis mittleres Infrarot (z.T. auch bis ca. 230 µm)
- Simultane Darstellung von topographischen Informationen (z.B. ↗AFM oder Kelvin-Probe Force Microscopy KPFM)
- Arbeitsabstand ist praktisch Null, daher extrem geringe Tiefenschärfe
- Sehr lange Scanzeiten für Hochauflösung oder bei größeren Probenbereichen
- Oberflächenabbildung mit bis zu 100 nm Eindringtiefe möglich

Probenpräparation:

- Sehr geringe Rauheit der Proben
- Saubere Rückpräparation von Mikroelektronikchips bis in die interessierende Ebene notwendig
- Oft Markierung bei biologischen Proben notwendig
- Untersuchung von lebendem Gewebe möglich

Instrumentierung und Beispiel:

- Aufwendig und teuer, weil ein ↗AFM mit hochempfindlicher optischer Messtechnik kombiniert werden muss
- Fast immer Laser als Lichtquelle erforderlich
- Detektoren: Photoelektronenvervielfacher, Avalanche-Photodioden, CCD, Spektrometer
- Mit Kryo-Tisch bzw. Bad-Kryostat (flüssiges Helium) kombinierbar

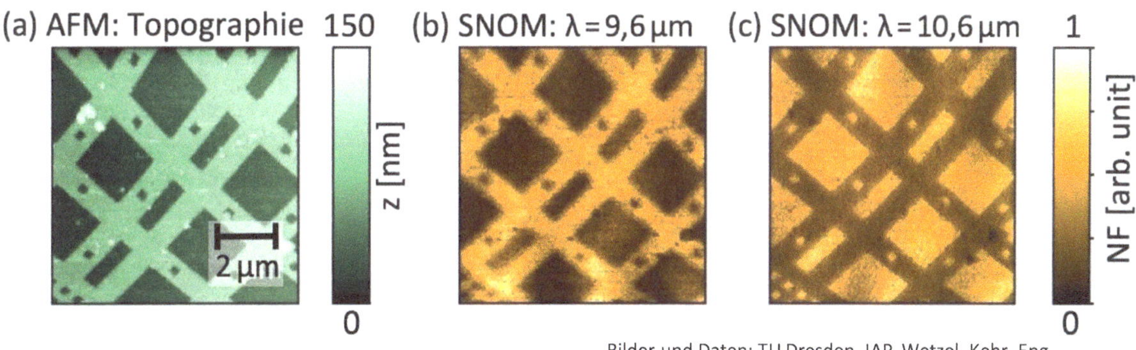

Bilder und Daten: TU Dresden, IAP, Wetzel, Kehr, Eng

Nahfeldmikroskopische Aufnahme eines mikrostrukturierten Chips aus Si und SiO_2 bei T = 78 K unter Beleuchtung mit einem CO_2-Laser (Wellenlänge $\lambda \approx 10\,\mu m$). Im simultan aufgenommen Topographie-Bild (a) zeigt sich das SiO_2 hell auf dem Si-Substrat. Bei Anregung näher der phononbasierten Materialresonanz erscheinen im SNOM-Signal die Bereiche aus SiO_2 je nach Wellenlänge hell (b) oder dunkel (c). Hiermit können Materialien mittels optischer hochauflösender Mikroskopie identifiziert werden.

REM - Rasterelektronenmikroskopie

SEM - Scanning Electron Microscopy

Anwendungen:

- Probenabbildung vom Millimeter- bis in den Nanometerbereich
- Präzisionsmessung von Längen, Schichtdicken, Winkeln und Flächen im Mikrobereich
- Prozesskontrolle und Fehleranalyse in der Halbleiterindustrie
- Abbildung von fast allen Elementen und Verbindungen, wie z.B. Metallen, Legierungen, intermetallischen Phasen, Halbleitern, Isolatoren, Keramiken
- Untersuchung biologischer Proben (Gewebe, Zellen, auch lebend im VPSEM)
- Bestimmung von Zusammensetzung (qualitativ und quantitativ) und Kristallorientierung mit Zusatzkomponenten wie ↗EDX, ↗WDX, ↗EBSD
- In-situ-Experimente bei hohen und tiefen Temperaturen, unter mechanischen Spannungen oder elektrischer Last (mit geeigneten Zusatzkomponenten)

Funktionsprinzip:

Das Verfahren basiert auf Arbeiten von E. RUSKA (erstes ↗TEM) und M. v. ARDENNE (Rasterprinzip) in den 1930er Jahren. Ein fein fokussierter Elektronenstrahl (∅ < 1 nm) mit der Anregungsenergie E_0 fällt auf die Probenoberfläche und erzeugt dort innerhalb des Wechselwirkungsvolumens (Anregungsbirne) Sekundärelektronen (SE, $E \leq 50$ eV) und Rückstreuelektronen (RE, $50 \text{ eV} \leq E \leq E_0$). Diese werden mit einem Sekundärelektronenvervielfacher bzw. einem RE-Detektor (Ordnungszahlkontrast) erfasst. Das erzeugte Signal entspricht der Anzahl der jeweils emittierten SE bzw. RE. Mittels Rasterspulen wird der primäre Elektronenstrahl über einen definierten Bereich der Probe gescannt. Der dafür eingesetzte Rastergenerator steuert exakt synchron dazu auch den Elektronenstrahl einer Braun'schen Röhre an, welche zur Bilddarstellung verwendet wird. Die Intensität dieses Strahls wird vom Ausgangssignal des jeweiligen Detektors moduliert. Seit Einführung der Flachbildschirme wird dieses analoge Verfahren digital simuliert. Elektronenstrahl und Probe müssen sich im Vakuum befinden, um Wechselwirkungen mit den Molekülen in der Luft zu vermeiden. Ein Probentisch mit 3 bis 6 Freiheitsgraden erlaubt eine flexible, präzise und stabile Positionierung der Probe unter dem Elektronenstrahl.

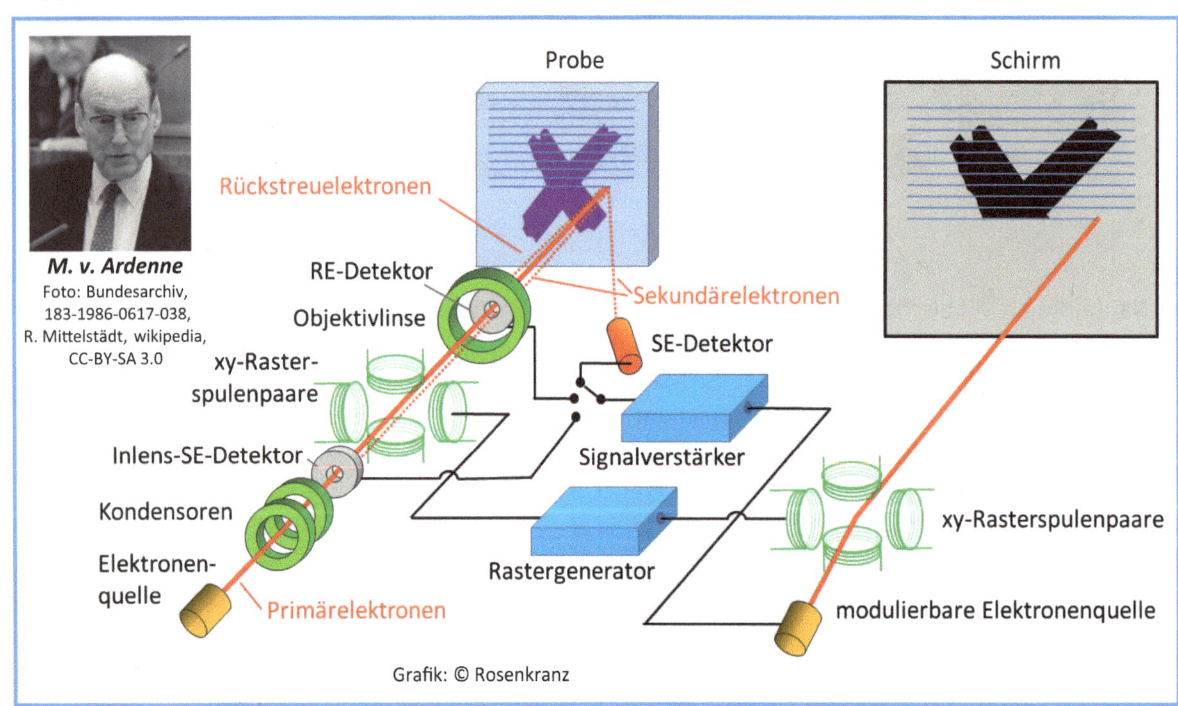

M. v. Ardenne
Foto: Bundesarchiv, 183-1986-0617-038, R. Mittelstädt, wikipedia, CC-BY-SA 3.0

Grafik: © Rosenkranz

Leistungsprofil und -grenzen:

- Auflösung: Spitzenwert 0,6 nm bei Feldemissionskathoden, sonst 1 bis 5 nm
- Vergrößerungsbereich: ca. 100-fach bis 500000-fach, Proben leitfähig und vakuumtauglich
- Mit vielen Analysemethoden („Analytisches REM“) erweiterbar (↗EDX, ↗WDX, ↗EBSD u.a.)
- Mit Nanomanipulatoren und -probern für lokale elektrische Messungen erweiterbar
- Für In-situ-Experimente mit Heiz- und Kühleinrichtungen erweiterbar
- Höherer Druck in der Probenkammer (z.B. biologische Proben) im VPSEM (Variable Pressure SEM) mit speziell angepassten Detektoren

Probenpräparation:

- Schleifen und Polieren von Querschnitten, hier Zielpräparationen bis 1 µm Genauigkeit
- ↗FIB-Präparation von Querschnitten, hier Zielpräparationen mit Genauigkeit von einigen nm
- In vielen Fällen, besonders bei Si-Chips, ist eine chemische Anätzung nötig („Dekoration“)
- Bei isolierenden Proben leitfähige Schicht aus Edelmetallen oder Kohlenstoff erforderlich (Bedampfen bzw. Besputtern)

Instrumentierung und Beispiele:

- Hochspannung bis 30 kV
- Hochvakuum im Probenraum (Turbomolekularpumpe), HV und sogar UHV (FEG) im Kathodenraum
- Detektoren: Everhardt-Thornley-Detektor (SE, Topographiekontrast dominiert)
  Inlens-Detektor (SE, Materialkontrast und Topographiekontrast, beste Auflösung)
  Rückstreuelektronendetektor (RE, Materialkontrast dominiert, $\Delta Z \geq 1$ darstellbar)

Teilweise rückpräparierter Mikrochip (SE-Bild)

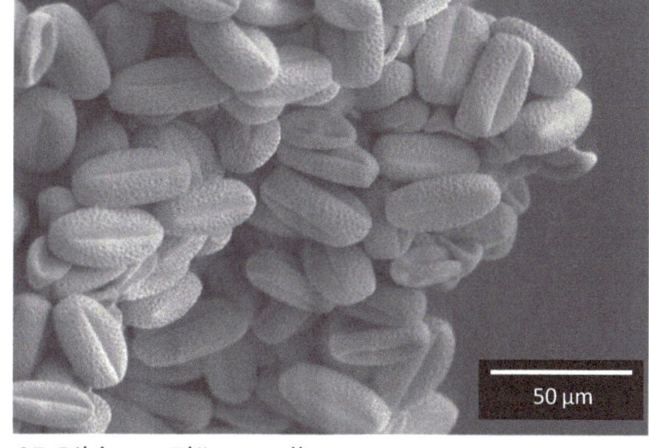

SE-Bild von Blütenpollen

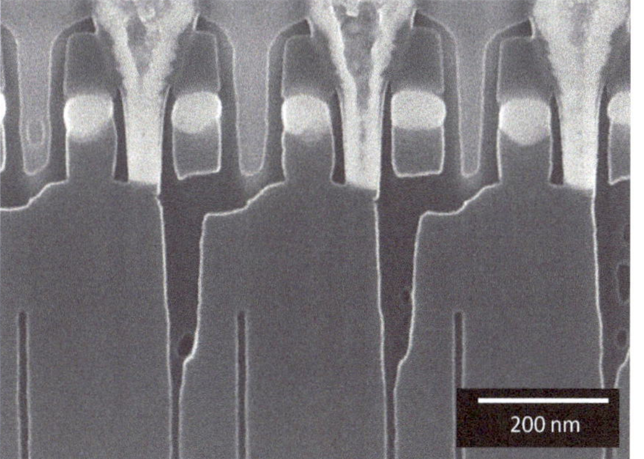

Querschnitt durch einen Speicherchip (SE-Bild)

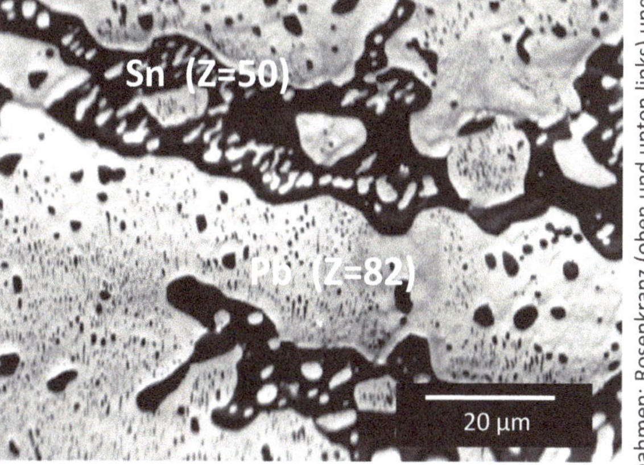

RE-Bild eines PbSn-Lotes (Ordnungszahlkontrast)

Aufnahmen: Rosenkranz (oben und unten links) und AG Werkstoffdiagnostik, IfWW, TUD (unten rechts)

TEM - Transmissionselektronenmikroskopie

TEM - Transmission Electron Microscopy

Anwendungen:

- Probenabbildung und Quantifizierung vom Mikrometer- bis in den Subnanometerbereich
- Untersuchung der Kristallstruktur und Orientierung durch Elektronenbeugung und/oder direkte Gitterabbildung und Nutzung von Beugungseffekten an Gitterdefekten und -verzerrungen
- Analytisches TEM-Analyse der Elementzusammensetzung und chemischer Bindungsverhältnisse mit lateraler Auflösung im Nanometerbereich

Funktionsprinzip:

Das Prinzip des TEMs beruht auf Arbeiten von E. RUSKA (Nobelpreis für Physik 1986) und seinem Doktorvater M. Knoll in den 1930er Jahren. Ein fokussierter, hoch beschleunigter Elektronenstrahl durchdringt ein dünnes, elektronentransparentes Objekt und erzeugt auf einem dahinter angeordneten Leuchtschirm bzw. einer CCD-Kamera eine Abbildung, wobei die de-Broglie-Wellenlänge der Elektronen eine prinzipielle Ortsauflösung ermöglicht, die weit kleiner ist als die Atomabstände. Verschiedene Abbildungsmodi erlauben die Untersuchung unterschiedlicher Aspekte im Probenmaterial. Eine Blende in der hinteren Brennebene der Objektivlinse wählt die zur Abbildung benutzten Elektronen je nach ihrem Streuwinkel aus. Die Ursachen der Streuung können dabei einerseits unterschiedliche Ordnungszahlen und Foliendicken beim Streuabsorptionskontrast sein. Andererseits wird die kollektive Streuung der Elektronenwelle an den wohlgeordneten Bausteinen kristalliner Materialien als Beugungskontrast bezeichnet und erlaubt es, unterschiedliche Kristallorientierungen sowie Kristalldefekte abzubilden. Entfernt man die o.g. Blende und wendet hinreichend hohe Abbildungsmaßstäbe an, kommt es zur direkten Abbildung des Kristallgitters. Zusätzlich kann die Beugungsebene durch Veränderung der Brennweite der Zwischenlinse einer direkten Abbildung zugänglich gemacht werden. Eine weitere Möglichkeit ist der Betrieb im STEM-Mode (Scanning TEM), bei welchem der Elektronenstrahl wie im ↗REM über die Probe gerastert wird. Ein unterhalb der Probe angeordneter Detektor liefert das Bildsignal. Dabei stehen auch weitere Signalquellen (angeregte Röntgenstrahlung, Energieverlust der Elektronen) mit einer ähnlichen Ortsauflösung wie das Bildsignal zur Verfügung. Die Anwendung von Röntgen- (↗EDX-Systeme) oder Elektronenenergiespektrometern (↗EELS) erlaubt dann eine Analyse der chemischen Zusammensetzung und von Bindungsverhältnissen.

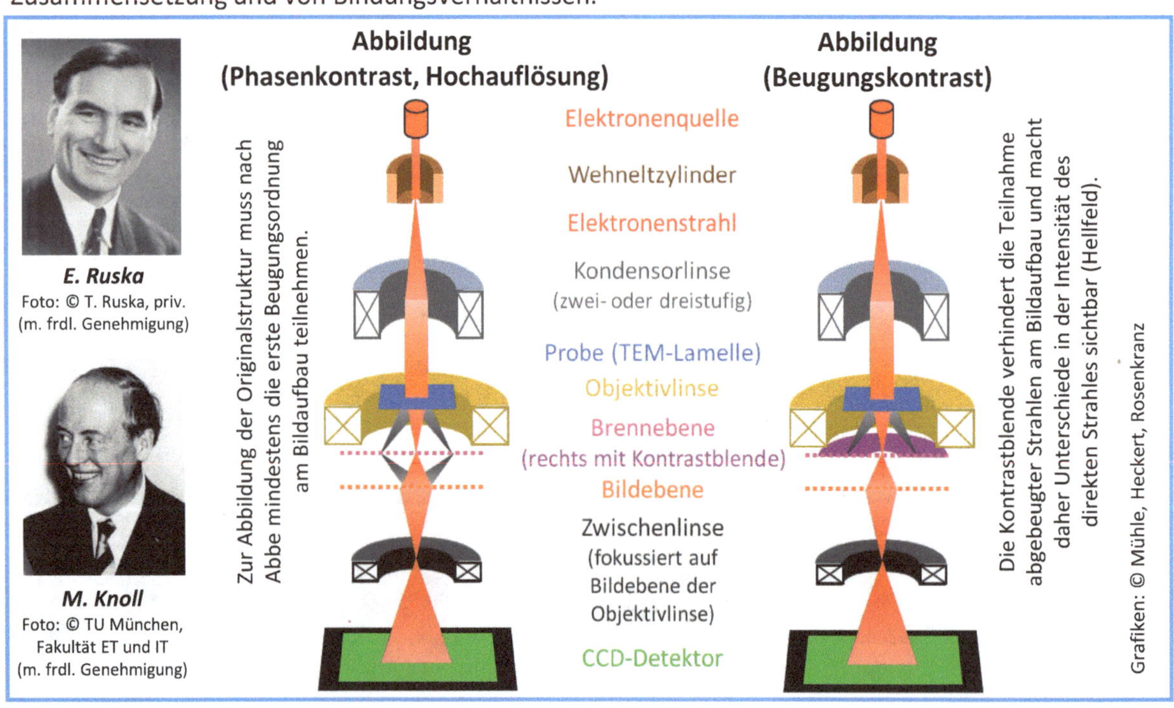

Leistungsprofil und -grenzen:

- Atomare Auflösung bis 50 pm
- Probendicken von ca. 10 nm bis zu einigen hundert Nanometern (je nach Ordnungszahl des Objektes, Fragestellung und Primärspannung)
- Mit vielen Analytikverfahren und Spezialtechniken erweiterbar (↗EDX, ↗EELS, ↗NBD, CBED, Elektronenholographie, Elektronentomographie, In-situ-Experimente)

Probenpräparation:

- Elektronentransparente Folie, Zeitaufwand oft größer als für die eigentliche Abbildung
- Mechanische Vorpräparation mit Schleifgerät, Dimpler, Ultraschallkernbohrer oder Präzisionssäge
- Finales Abdünnen der Probe mittels Polieren, Ionenstrahlpolieren oder chemischen Ätzen
- Replikatechnik-Übertragung der Oberflächenstruktur auf eine durchstrahlbare Folie
- Zielpräparationen bevorzugt mit ↗FIB (H-Bar-Lamelle oder Lift-Out-Technik)

Instrumentierung und Beispiele:

- Hochspannung: 80 bis 400 kV, Spezialgeräte bis 3 MV, hohe Stabilität
- Hochvakuum im Probenraum (Turbomolekularpumpen), UHV im Kathodenraum (Getterpumpen)
- Leuchtschirm und hochauflösende schnelle CCD-Kamera, Elektronen- und Röntgenspektrometer
- Zusatzausstattungen: Monochromator, CS-Korrektor, Energiefilter zur Erzielung höchster Auflösung
- Schwingungsisolation, Temperaturstabilität und elektromagnetische Abschirmung im Labor nötig

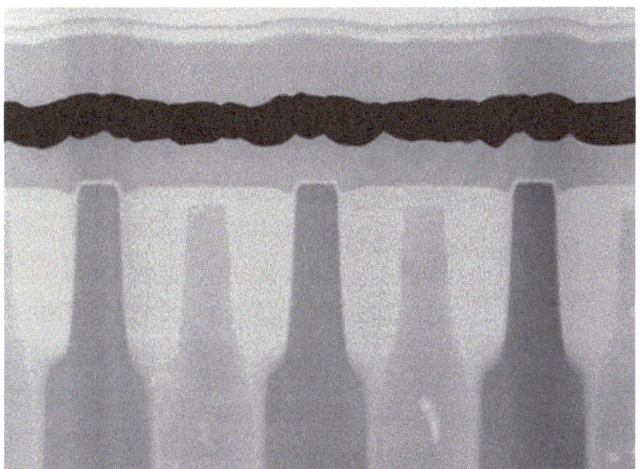

Streuabsorptionskontrast an periodischer Struktur eines mikroelektronischen Bauteils

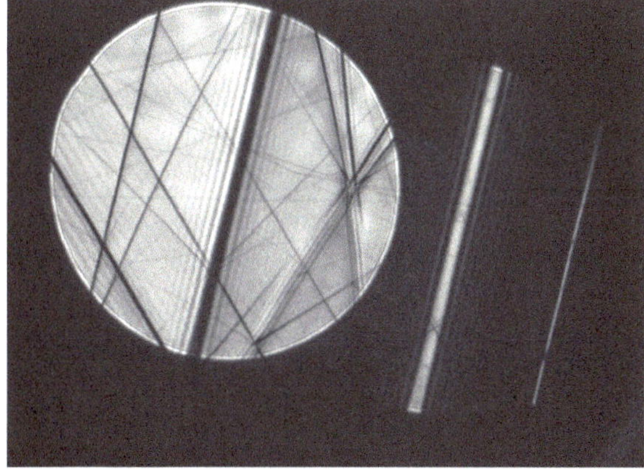

Elektronenbeugung (CBED) an einkristallinem Silizium

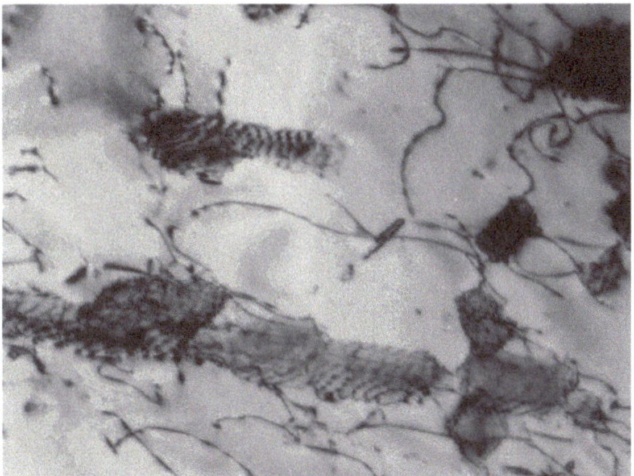

Versetzungsnetzwerke in einer verformten Kobaltbasissuperlegierung

Netzebenenabbildung an einer kohärenten Si-$CoSi_2$-Grenzfläche

Aufnahmen: Fraunhofer IKTS, Mühle

EFTEM - Energiegefilterte Transmissionselektronenmikroskopie

EFTEM - Energy Filtered Transmission Electron Microscopy

Anwendungen:

- Elementverteilungsbilder mit Nanometerauflösung
- Verteilungsbilder chemischer Eigenschaften (Chemical Mapping)
- Kontrast- und Auflösungsverbesserung von TEM-Abbildungen

Funktionsprinzip:

Im Transmissionselektronenmikroskop (↗TEM) durchdringen hochbeschleunigte Elektronen eine dünne Festkörperlamelle und erleiden infolge inelastischer Streuung an den Elektronenhüllen spezifische Energieverluste, welche von der Zusammensetzung, vom kristallinen Aufbau und von den Bindungsverhältnissen im Festkörper abhängen. Ihre Energieverteilung kann mit einem Spektrometer aufgezeichnet werden und liefert über die einfache Abbildung hinaus wertvolle Zusatzinformationen (↗EELS). Bei der energiegefilterten Abbildung werden zur Bilddarstellung nur Elektronen aus einem spezifischen Energiefenster des EELS-Spektrums genutzt. Damit lassen sich Elementverteilungsbilder („Mappings") erzeugen. Dazu werden unmittelbar vor einem elementspezifischen Ionisationspeak die Energien in zwei Fenstern (Pre-Edge 1 und Pre-Edge 2, s. Bild) aufgezeichnet. Aus diesen wird der Verlauf der Untergrundintensität modelliert, der dann von der Intensität des Post-Edge-Peaks abgezogen werden kann. Dieses Vorgehen liefert halbquantitative Verteilungsbilder. Allerdings findet man nicht immer einen genügend großen, von anderen Elementen unbeeinflussten Bereich für die Festlegung zweier Pre-Edge-Bereiche. Dann gibt es die Möglichkeit, nur die Intensität eines Pre-Edge-Bereiches zu vermessen und die Intensität des Post-Edge-Bereiches zu dieser ins Verhältnis zu setzen, womit man qualitative Elementverteilungen erhält (Jump-Ratio-Methode). Man kann sich die nahe Kantenfeinstruktur ↗ELNES (Electron Energy Loss Near Edge Structure) oder den Plasmonenpeak zunutze machen, um Elemente je nach ihrer chemischen Bindung ortsaufgelöst darzustellen. Die ferne Kantenfeinstruktur ↗EXELFS (Extended Energy Loss Fine Structure) eignet sich zur Untersuchung der Bindungsabstände im Festkörper. Schließlich lassen sich auch der Zero-Loss-Peak (nur elastisch gestreute Elektronen nehmen am Bildaufbau teil) zur Verbesserung der Auflösung und - bedingt durch den geringeren Rauschanteil - der Abbildungskontrast nutzen.

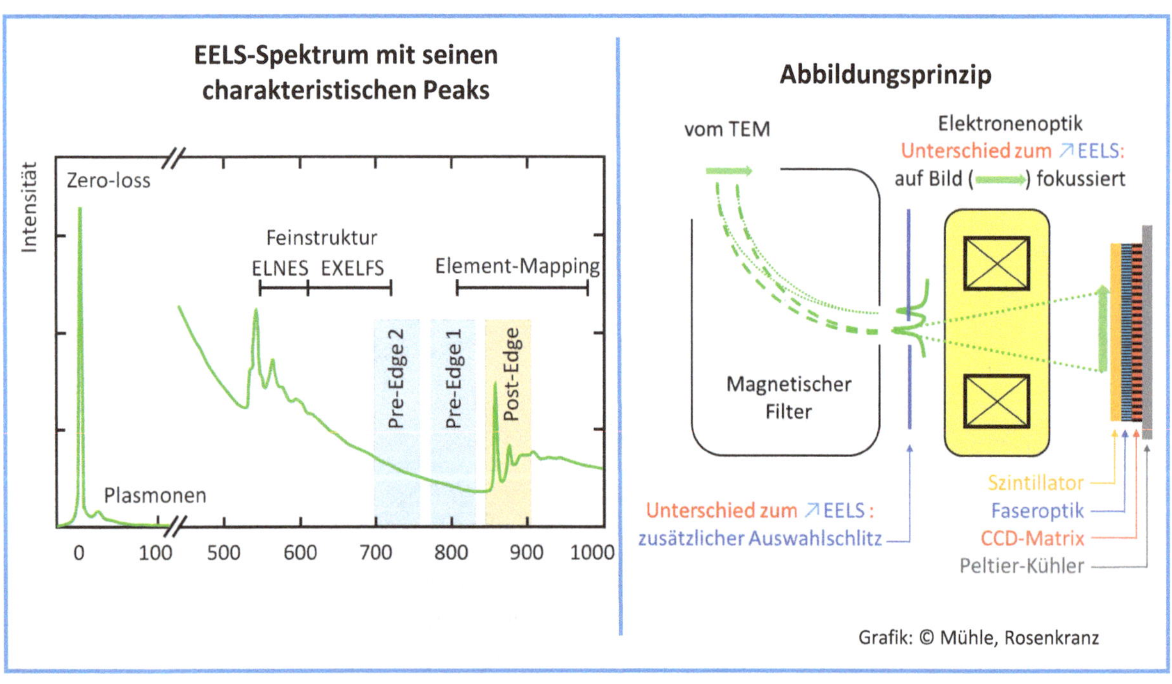

Grafik: © Mühle, Rosenkranz

Leistungsprofil und -grenzen:

- Analyse der Elementzusammensetzung und chemischer Bindungsverhältnisse mit lateraler Auflösung bis ca. 1 nm
- Nachweisgrenze: ca. 1 At.-%
- Zeitaufwand: einige Minuten pro Bild
- Hohe Effizienz bei leichten Elementen, Übergangsmetallelementen und Seltenerdelementen
- H, He und einige schwerere Elemente von Rh bis Bi nicht immer leicht nachzuweisen

Probenpräparation:

- Aufwendig (höhere Anforderungen im Vergleich zur normalen Transmissionselektronenmikroskopie ↗TEM)

Instrumentierung und Beispiel:

- Am Transmissionselektronenmikroskop ↗TEM und immer in Kombination mit ↗EELS
- Spektrometer: Post-Column (an jedem TEM nachrüstbar) oder In-Column (Bestandteil der Elektronenoptik des TEMs)
- Hochauflösende CCD-Kamera

EFTEM-Abbildungen eines CMOS-Transistors

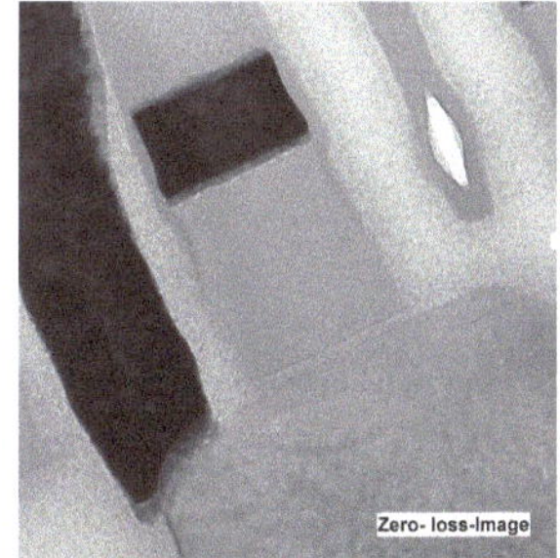

Zero-loss Image

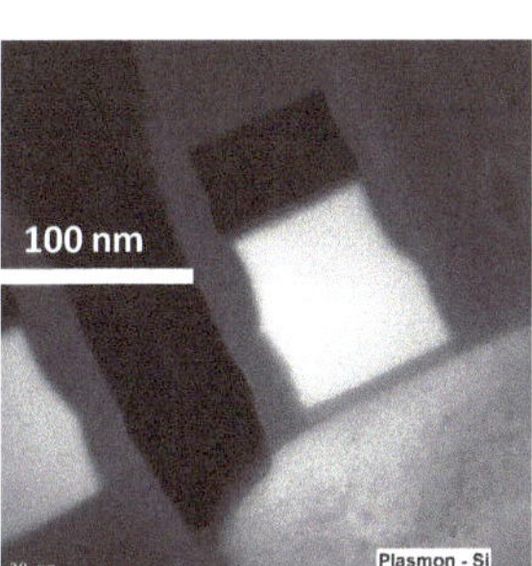

Plasmon - Si

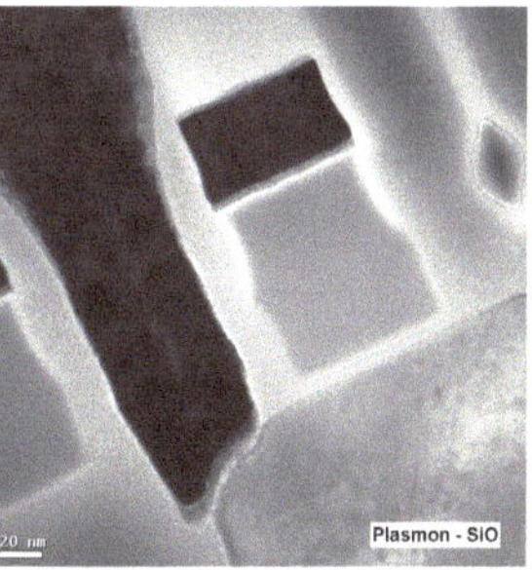

Plasmon - SiO_2

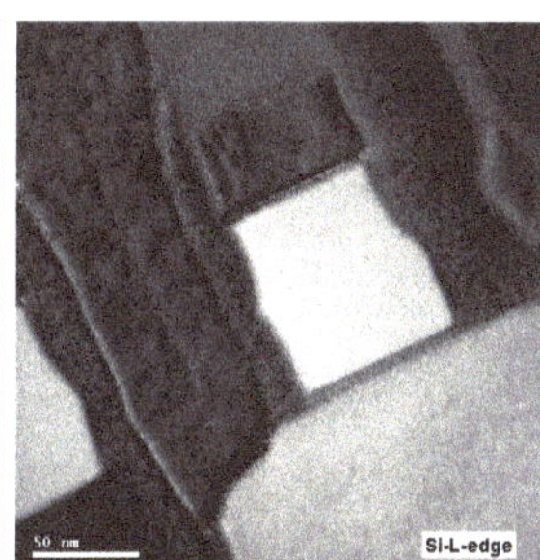

Si-L-Kante

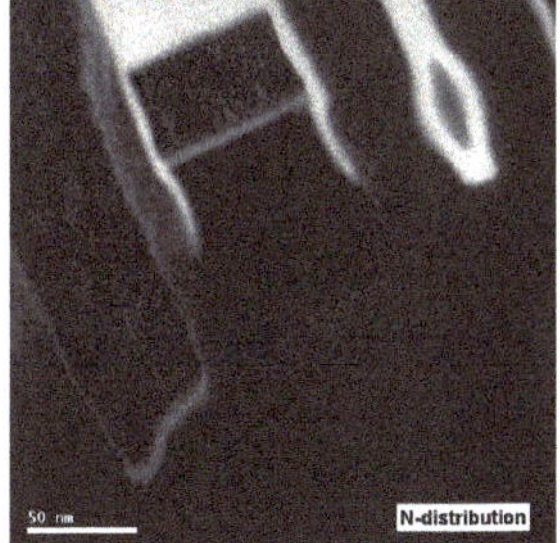

N-Verteilung

O-Verteilung

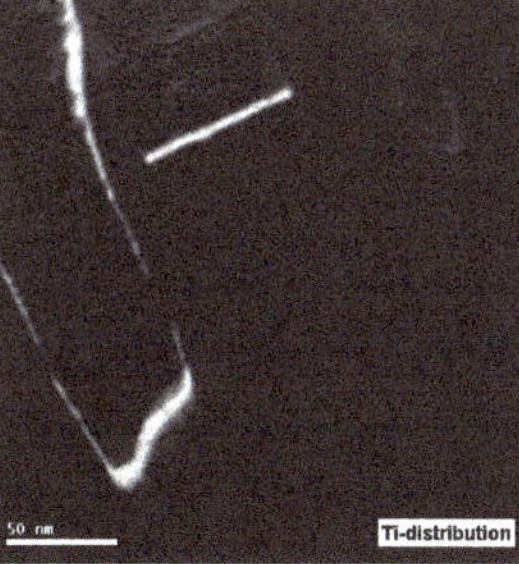

Ti-Verteilung

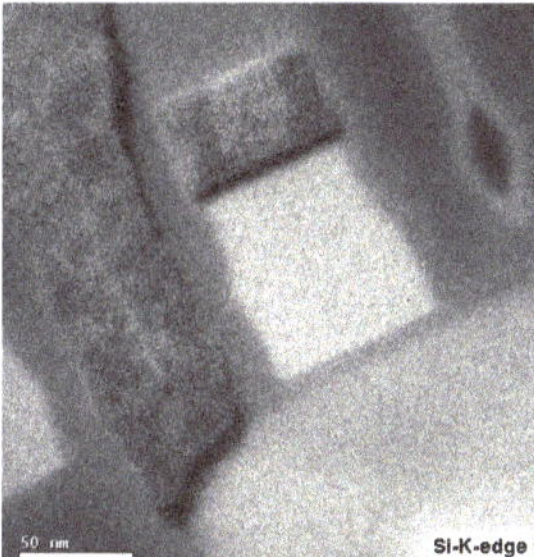

Si-K-Kante

Aufnahmen: Fraunhofer IKTS, Mühle

HIM - Helium-Ionen-Mikroskopie

HIM - Helium Ion Microscopy

Anwendungen:

- Nanoanalytik
- Metrologie, Maskenherstellung und -reparatur in der Halbleiterindustrie
- Ionenstrahl-Lithographie
- Nanofabrikation (Ätzen und Abscheiden auf der Nanometerskala)

Funktionsprinzip:

Das Helium-Ionen-Mikroskop wurde von B. W. WARD bei der Fa. ALIS entwickelt, welche im Jahr 2006 von der Fa. Carl Zeiss übernommen wurde. Zeiss ist zum Zeitpunkt der Drucklegung dieses Buches der einzige Hersteller solcher Geräte.
Ein Helium-Ionen-Mikroskop gleicht in vielen Merkmalen einem Rasterelektronenmikroskop ↗REM oder einem ↗FIB, wobei die Probe aber nicht mit Elektronen oder Galliumionen, sondern mit Heliumionen beschossen wird. Erzeugt werden diese Heliumionen an einer Anode aus Wolfram, welche einen extrem kleinen Spitzenradius besitzt, so dass sich dort nur noch drei einzelne Atome befinden (Trimer). Ihre Umgebung wird mit Helium angereichert. Durch eine angelegte Hochspannung von bis zu 30 kV in Verbindung mit der starken Feldüberhöhung an der Spitze werden Heliumatome in deren unmittelbarer Umgebung ionisiert, weil sie infolge des Tunneleffektes ein Elektron an die Spitze abgeben. Die entstandenen Heliumionen werden durch das anliegende elektrische Feld sofort in Richtung Probe beschleunigt. Eine Ionenoptik sorgt für eine extrem starke Bündelung des Teilchenstrahls und mittels einer Ablenkeinheit wird der Strahl analog zum ↗REM über die Probe gerastert. Dort erzeugen die auftreffenden Teilchen eine große Zahl von Sekundärelektronen, welche zur Bilddarstellung genutzt werden. Auch die elastisch zurückgestreuten Heliumionen können zur Bilderzeugung herangezogen werden. Darüber hinaus wird auch Probenmaterial abgetragen, wenn gleich in viel geringerem Maße als beim ↗FIB. Die geringen Sputterraten sind jedoch von Vorteil bei der Ionenstrahlbearbeitung extrem dünner und empfindlicher Strukturen (z.B. Graphen, Nanodrähte u.a.). Die erzielbaren Auflösungen sind besser als die im ↗REM, weil der Ionenstrahl in der Probe nicht so stark aufgeweitet wird, so dass das Anregungsgebiet, aus dem die Sekundärelektronen kommen, deutlich kleiner ist.

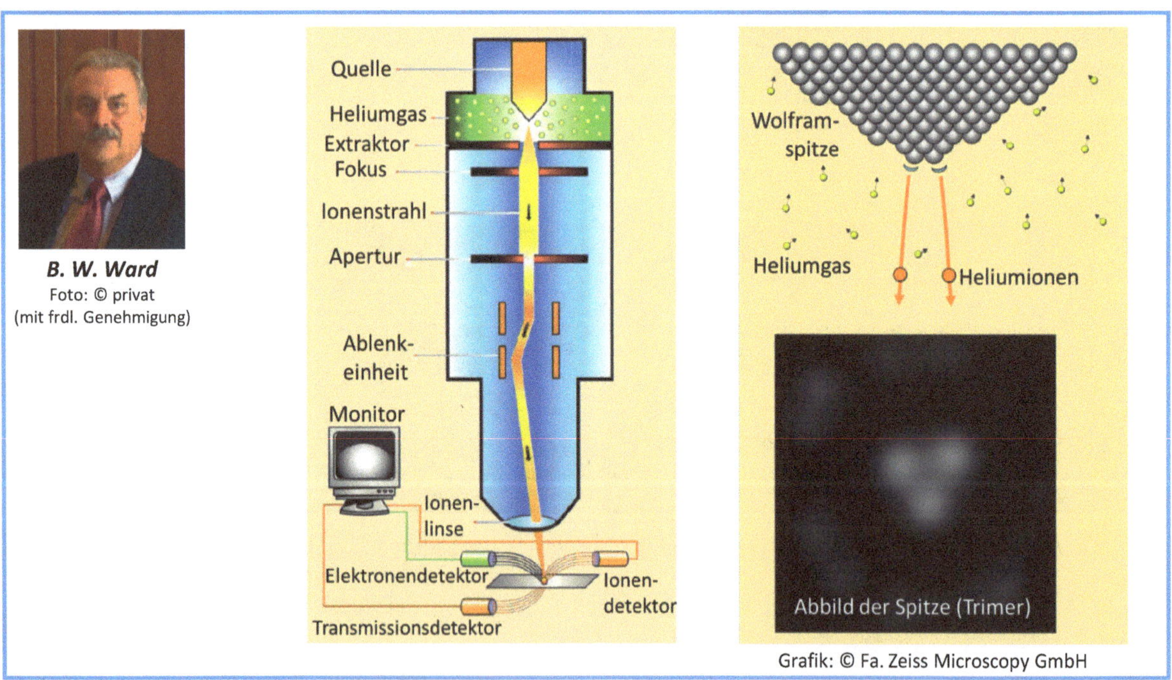

B. W. Ward
Foto: © privat
(mit frdl. Genehmigung)

Grafik: © Fa. Zeiss Microscopy GmbH

Leistungsprofil und -grenzen:

- Auflösung bis 0,25 nm
- Strahlstromstärke 1 fA bis 100 nA, typisch: 20 nA
- Sehr guter Materialkontrast und keine Probleme mit Probenaufladung bei Bilderzeugung mit rückgestreuten He-Ionen
- Weniger anfällig gegen elektromagnetische Störungen im Vergleich zum ↗REM
- Anfälliger gegen mechanische Vibrationen im Vergleich zum ↗REM
- Stärkere Probenschädigung im Vergleich zum ↗REM

Probenpräparation:

- Schleifen und Polieren von Querschnitten
- ↗FIB-Präparation im selben Gerät möglich, weil Erweiterung mit weiteren Ionenquellen (Ga, Ne) üblich
- Bei isolierenden Proben leitfähige Schicht aus Edelmetallen oder Kohlenstoff (Bedampfen bzw. Besputtern) oder Ladungskompensation durch optionale Electron Flood Gun erforderlich
- Proben müssen vakuumtauglich sein

Instrumentierung und Beispiel:

- Hochspannung bis 30 kV
- Kühlung der Anode mit flüssigem Stickstoff notwendig
- Hochvakuum im Probenraum (Turbomolekularpumpen), Ultrahochvakuum im Strahlerzeuger
- Detektoren: Everhardt-Thornley-Detektor für Sekundärelektronen
  Rückstreuionendetektor (Materialkontrast dominiert, $\Delta Z \geq 1$ darstellbar)

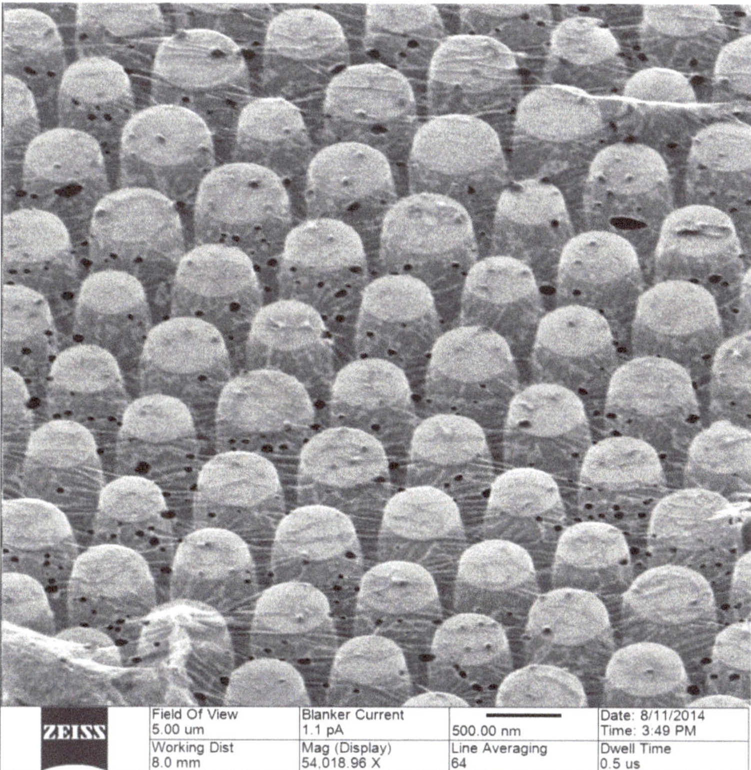

Graphenschicht (Single Sheet Graphene) auf GaN-Pfosten

Aufnahme: Fa. Zeiss Microscopy GmbH

FIB - Ionenfeinstrahltechnik

FIB - Focused Ion Beam

Anwendungen:

- Bearbeitung und Abbildung von fast allen Elementen und Verbindungen, wie z.B. Metallen, Legierungen, intermetallischen Phasen, Halbleitern, Isolatoren, Keramiken und organischen Materialien im Mikrometerbereich mit Nanometerpräzision
- Querschnittspräparation für das Rasterelektronenmikroskop ↗REM
- Präparation für das Transmissionselektronenmikroskop ↗TEM (H-Bar-Lamellen und Lift-Out-Technik)
- Prozesskontrolle und Fehleranalyse in der Halbleiterindustrie
- Gasgestütztes Abscheiden von Metallen (W, Pt) und Isolatoren (SiO_2) oder Kohlenstoff sowie gasgestütztes bevorzugtes Ätzen spezieller Materialien zur Schaltungsmodifikation an Mikrochips
- Fehlerlokalisierung mittels Potenzialkontrast ↗VC in der Halbleiterindustrie

Funktionsprinzip:

Das Verfahren hat sehr viele Parallelen zur Rasterelektronenmikroskopie (↗REM), weshalb man diese Technik häufig mit letzterer in einem Zweistrahlgerät („Dual Beam“) kombiniert. Der wesentliche Unterschied zwischen beiden Verfahren besteht in der Art der Primärteilchen, welche beim ↗FIB meist Galliumionen aus einer Flüssigmetallionenquelle sind. Diese werden mit 2 bis 50 kV (typisch 30 kV) in Richtung der Probe beschleunigt, fein fokussiert und in einem genau definierten Probenbereich gerastert. Die auf den Festkörper auftreffenden Ionen sputtern dort Material ab, wodurch an den Seitenwänden des Sputterkraters nahezu artefaktfreie Querschnitte vorliegen. Die beim Ionenbeschuss entstehenden Sekundärelektronen werden zur Bilddarstellung verwendet. Für höchstauflösende Abbildungen wird der REM-Teil des Gerätes genutzt, weil seine Auflösung eine Größenordnung besser ist. Der simultane Gebrauch beider Quellen gestattet sogar die Beobachtung des laufenden FIB-Prozesses im ↗REM, was z.B. in der Mikroelektronik, wo es auf eine nanometergenaue Zielpräparation ankommt, von unschätzbarem Vorteil ist.

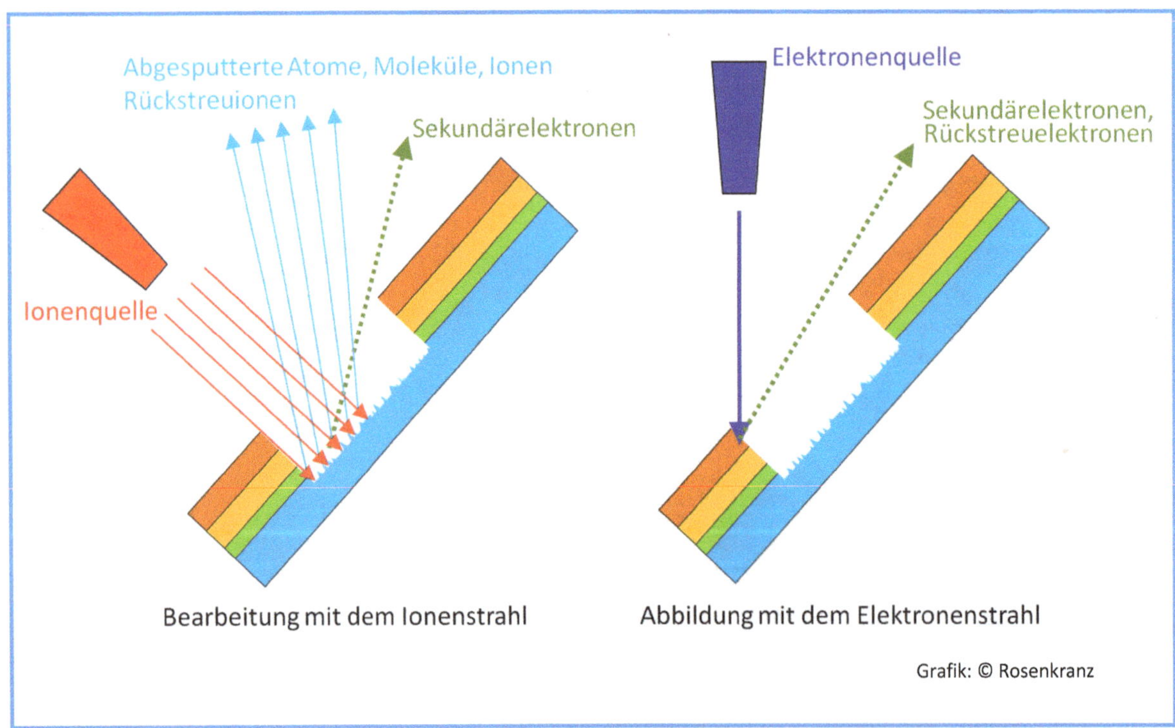

Grafik: © Rosenkranz

Leistungsprofil und -grenzen:

- Ionenstrahldurchmesser und damit Auflösung bis hinunter zu 5 nm (hängt vom Strahlstrom ab)
- Strahlströme von 1 pA bis 50 000 pA, Materialabtrag bis zu 1 μm^3/nC
- Abtragsrate bis zu 50 μm^3/s, bei Präzisionsbearbeitung im nm-Bereich ca. 0,001 μm^3/s
- Bevorzugtes Sputtern von Metallen oder Oxiden mittels Gas Assisted Etch sowie lokales, präzises Abscheiden von Metallen und Oxiden mittels Gas Assisted Deposition (dazu Einlass von speziellen Gasen in Probennähe mittels Gas Injection System)
- Aspektverhältnis von Gräben und Löchern durch Redeposition abgetragenen Materials begrenzt
- Amorphisierung infolge des Ionenbeschusses (5 bis 20 nm bei 30 kV Ar^+)

Probenpräparation:

- Einfach, oft keine Vorpräparation nötig, Vakuumtauglichkeit erforderlich
- Für TEM-Präparation (H-Bar-Lamelle) vorheriges Sägen mit einer Präzisionssäge erforderlich

Instrumentierung und Beispiele:

- Grundgerät wie ↗REM mit zusätzlicher Ionenquelle, gelegentlich auch nur mit einer solchen
- Quellen: Ga-Flüssigmetallionenquellen bis 50 nA Strahlstrom
  He- und Neon-Ionenquellen
  Xe-Plasmaionenquellen bis 1,3 µA bei 30 nm Auflösung
  Vereinzelt auch Quellen mit anderen Ionen verfügbar, aber z.T. im Entwicklungsstadium

Querschnitt in zwei Richtungen durch einen Speicherchip

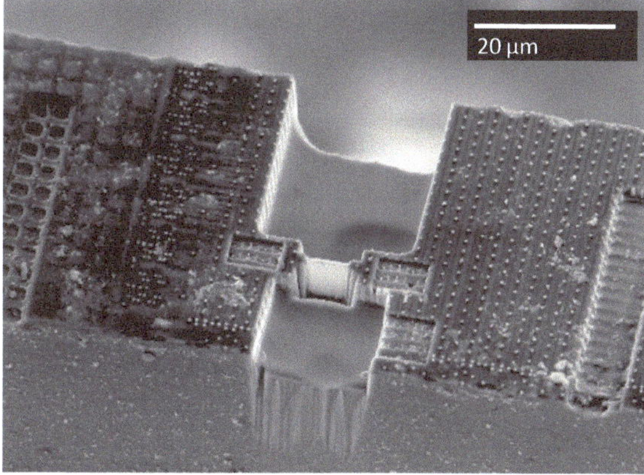

H-Bar-Lamellenpräparation für das TEM

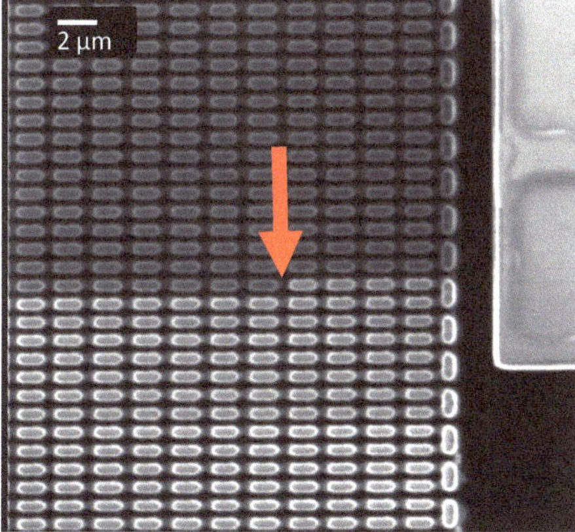

Fehlerlokalisierung mittels Potenzialkontrast in einer Kontaktkette eines Mikrochips

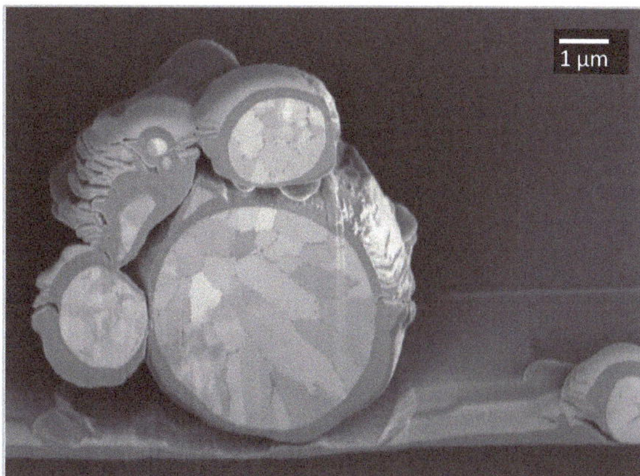

Kupferpulver im Querschnitt

Aufnahmen: Rosenkranz, Mühle, Standke

AFM - Rasterkraftmikroskopie

AFM - Atomic Force Microscopy

Anwendungen:

- Mechanische Abtastung (meist Rasterung) von Oberflächen, verbunden mit der (bildgebenden) Messung atomarer Wechselwirkungskräfte auf der Nanometerskala

Funktionsprinzip:

Das von G. BINNIG u.a. 1985 entwickelte Rasterkraftmikroskop gehört zur Gruppe der Rastersondentechniken. 1986 wurde mit einem AFM erstmalig atomare Auflösung erreicht. Eine sehr feine Messspitze (typ. Spitzenradius 10 bis 20 nm) wird mit hoher Genauigkeit im Bereich der Nahfeldwechselwirkung (ca. 0,01 nm im Kontakt-Mode) über eine Oberfläche bewegt. Die Wechselwirkungspotenziale liegen bei ca. 10 eV bis 1 meV. Die Oberflächenstruktur der Probe lenkt dabei den Biegebalken (Cantilever) mit der Spitze positionsabhängig aus, was typischerweise mit optischen Sensoren gemessen wird und ein Maß für die zwischen Spitze und Oberfläche wirkenden atomaren Kräfte darstellt (Prinzip des Profilometers). Das punktweise quantitative Aufzeichnen dieser Kräfte über ein bestimmtes Probengebiet wird zur Bilddarstellung verwendet. Es treten hierbei kurzreichweitige Kräfte (Überlagerung von Orbitalen) mit überwiegend repulsivem (abstoßendem) Charakter (verantwortlich für atomare Auflösung, s. Diagramm unten) und langreichweitige (> 0,1 nm bis 10 nm; van-der-Waals-Kräfte oder Dipol-Dipol-Wechselwirkungen) mit vorwiegend attraktivem (anziehendem) Charakter auf. Adhäsions- und elektrostatische Wechselwirkungen, die ebenfalls entstehen, sind unerwünscht. Letzteren wird, vorzugsweise in der Halbleiterindustrie, mit einer Poloniumquelle entgegengewirkt.

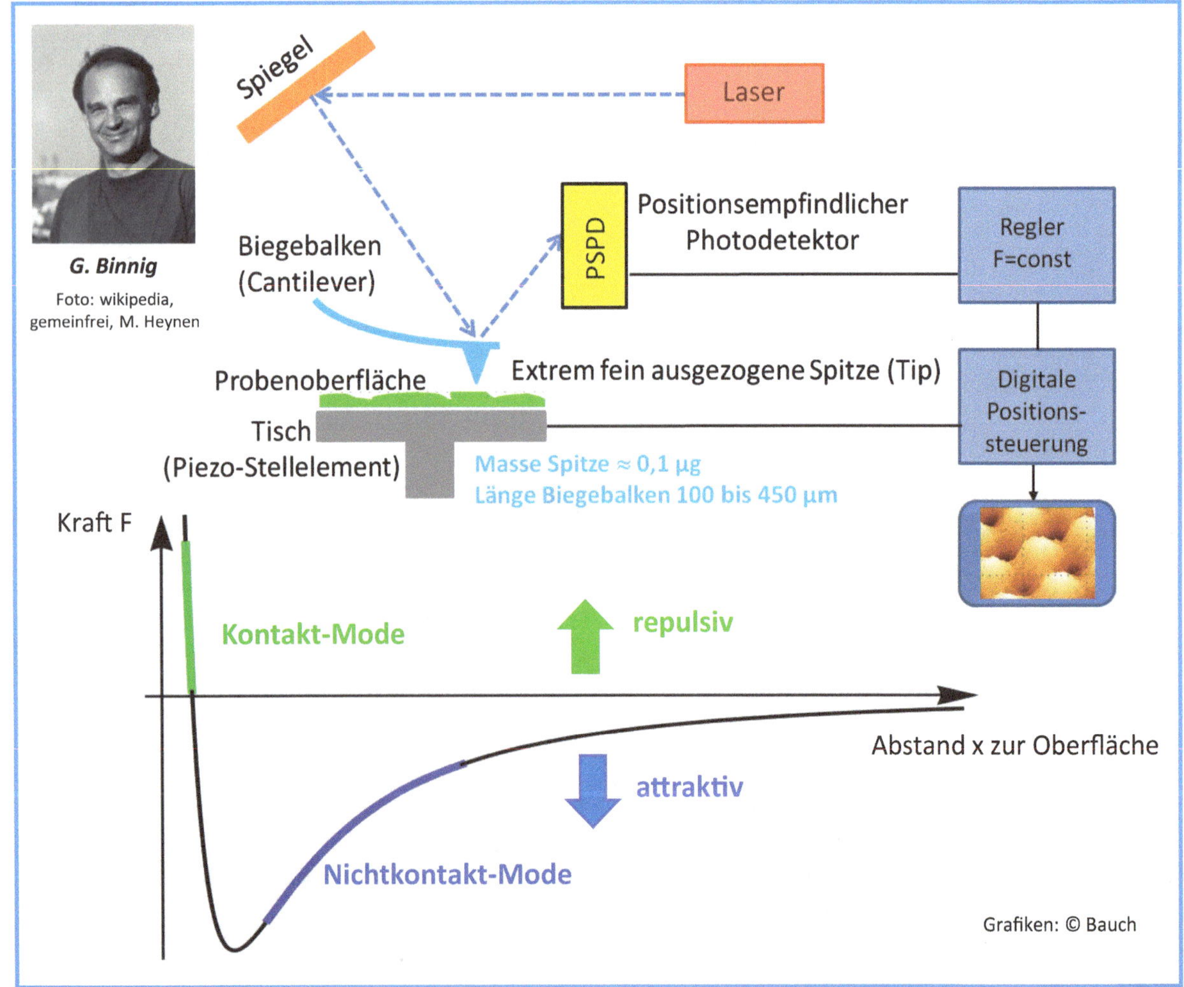

Leistungsprofil und -grenzen:

- Sehr hohe laterale Auflösung von 0,1 bis 10 nm (atomar), abhängig von der Rauheit der Probe
- Hohe „Tiefenschärfe"
- Anwendung im Vakuum, an Luft oder in Flüssigkeiten sowie nichtleitende Proben untersuchbar
- Stark miniaturisierbar, zerstörungsfrei, relativ preiswert
- Wegen linearer Abstandsregelung relativ hohe Scangeschwindigkeiten möglich
- Keine Gewinnung chemischer Informationen möglich
- Laterale Auflösung oft dem Rastertunnelmikroskop (STM) unterlegen (Spitzenherstellung)
- An der Spitze können unerwünschte Mehrfachwechselwirkungen, insbesondere bei gebrauchten (verrundeten) Spitzen, auftreten. Wegen der exponentiellen Abhängigkeit des Tunnelstromes vom Abstand tritt beim STM meist nur das vorderste Atom in Wechselwirkung, so dass dieser Fall dort keine Rolle spielt.
- Problem: dünner Wasserfilm auf der Oberfläche bewirkt hohe Kapillarkräfte; Ausweg Wasserbad!

Probenpräparation:

- Einfach (keine besonderen Anforderungen)

Instrumentierung und Beispiele:

- Meist mobile, kleine Einzweckgeräte oder Atomic Force Prober (AFP) für die Halbleiterindustrie

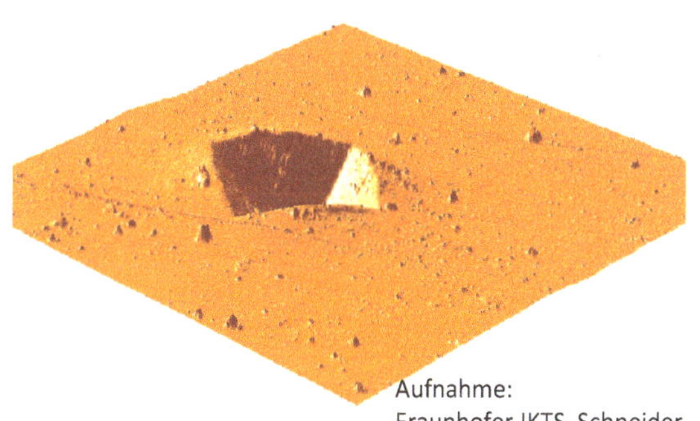

Aufnahme: Fraunhofer IKTS, Schneider

Vickershärteeindruck auf einer Nickelprobe

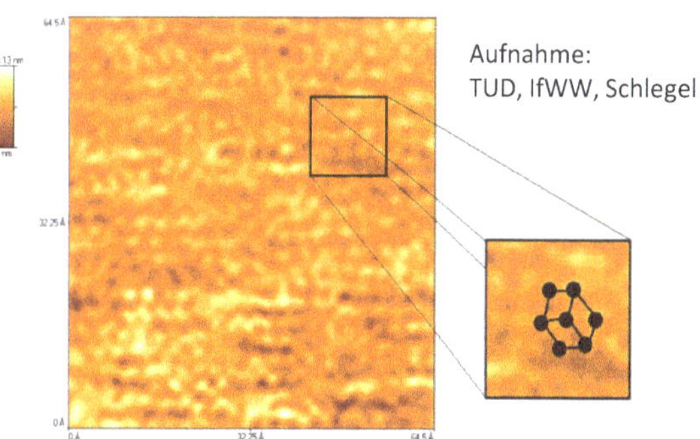

Aufnahme: TUD, IfWW, Schlegel

Atomare Abbildung einer aufgedampften Goldschicht (gemessene Netzebenenabstände: 0,29 bis 0,30 nm)

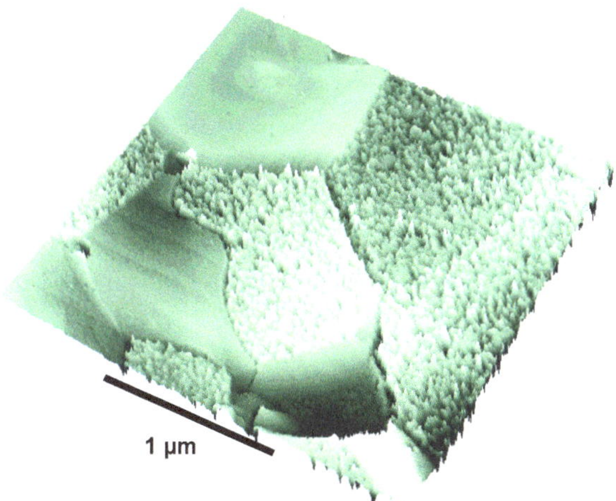

Aufnahme: Fraunhofer IKTS, Höhn

Oberfläche einer Nitridkeramik

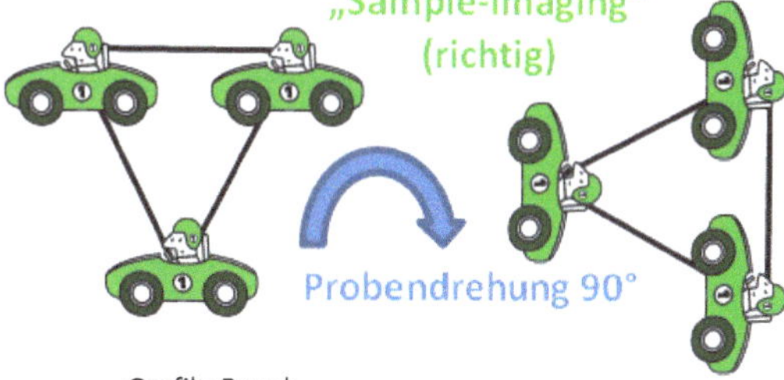

Grafik: Bauch

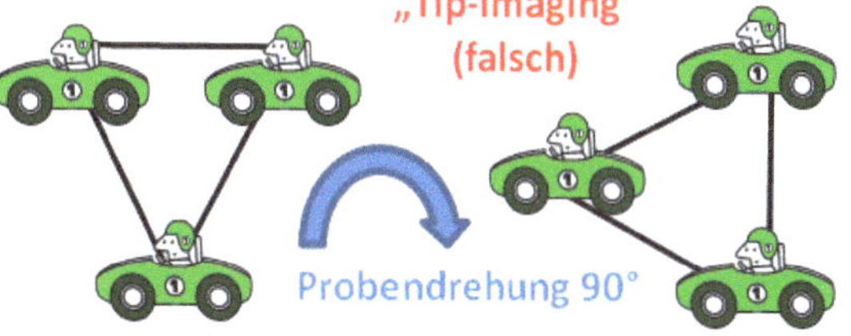

Probe oder Spitze abgebildet? (Häufiger Fehler in Veröffentlichungen)

Magnetooptische KERR-Mikroskopie

Magneto-optical KERR Microscopy

Anwendungen:

- Optische Abbildung von magnetischen Domänen (magnetische Mikrostruktur)

Funktionsprinzip:

Die Methode basiert auf dem vom schottischen Physiker J. KERR 1876 entdeckten magnetooptischen Kerr-Effekt (MOKE), der nicht mit dem ebenfalls von J. KERR 1875 beschriebenen elektrooptischen Kerr-Effekt zu verwechseln ist. Dabei wird die Polarisationsebene des in ein Polarisationsmikroskop einfallenden, linear polarisierten Lichtstrahls bei Reflexion an einer ferromagnetischen Probenoberfläche proportional zu deren Magnetisierung **M** um den Kerr-Winkel Θ_K gedreht. Das reflektierte Licht ist dann i.A. elliptisch polarisiert und kann mittels eines Kompensators korrigiert werden. Die Änderung von Θ_K stellt damit ein Maß für die Magnetisierungsrichtung der Probe dar. Der magnetooptische Kerr-Effekt tritt in unterschiedlichen Erscheinungsformen auf, die sich durch die Lage der Magnetisierung in Bezug zur Einfallsebene des Lichts unterscheiden. Daraus resultieren die Messverfahren polarer (Licht und Magnetisierung senkrecht zur Oberfläche), longitudinaler (Licht unter 20° bis 60° sowie Magnetisierung parallel zur Oberfläche) und transversaler (Strahl wie longitudinal sowie Magnetisierung senkrecht zur Lichteinfallsebene) Kerr-Effekt. Eine einfache gerätetechnische Umsetzung des beschriebenen Verfahrens lässt sich mittels eines modifizierten Lichtmikroskops ↗VLM realisieren, in welches ein Polarisator-Analysator-Paar in den Strahlengang eingebaut worden ist („Kerr-Mikroskop"). Mit Hilfe einer Aperturblende oder geeignet in der Aperturebene angeordneter LEDs wird die gewünschte Auswahlrichtung (polar, longitudinal, transversal) fixiert. Die Drehung der Polarisation wird im Mikroskop durch eine spezifische Einstellung von Analysator und Polarisator visualisiert. Die Grauwertzuordnung erfolgt entsprechend den Magnetisierungsrichtungen der Domänen. Auf diese Weise ist die optische Abbildung ferro- oder ferrimagnetischer Mikrostrukturen möglich. Montiert man optional einen Elektromagneten, lassen sich Proben im externen Magnetfeld untersuchen und z.B. das Ummagnetisierungsverhalten studieren. Wegen des relativ kleinen magnetischen Kontrasts wird häufig eine Differenzbild-Technik angewandt, die, bezogen auf eine Referenzaufnahme, den Untergrund in Echtzeit entfernt. Für die zeitaufgelöste Kerr-Mikroskopie wird eine stroboskopische Lösung (gepulste Lichtquelle oder Kamera mit kleiner Verschlusszeit) verwendet. Weitere Methoden zur direkten Domänenbeobachtung sind das magnetooptische ↗SNOM und im Röntgenbereich die Ausnutzung des magnetischen Röntgenzirkulardichroismus (XMCD).

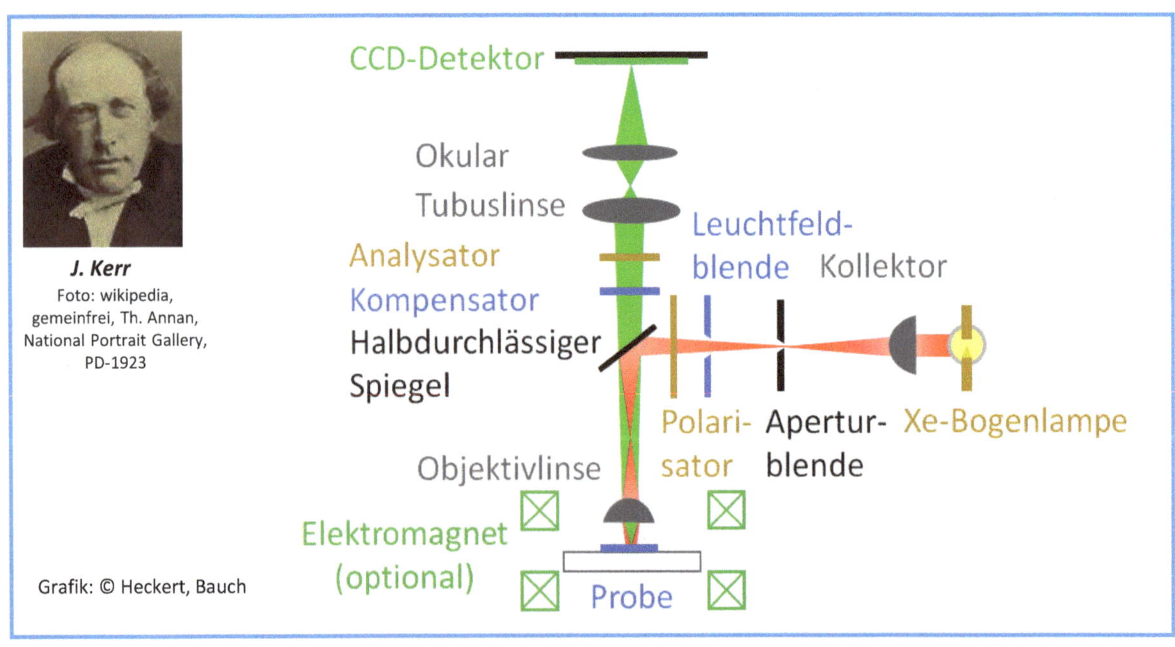

J. Kerr
Foto: wikipedia, gemeinfrei, Th. Annan, National Portrait Gallery, PD-1923

Grafik: © Heckert, Bauch

Leistungsprofil und -grenzen:

- Typische Auflösung der Drehung der Polarisationsebene ca. 0,0006° (geräteabhängig)
- Typische Ortsauflösung ca. 200 nm (Kerr-Mikroskop, geräteabhängig)
- Typische Ortsauflösung ca. 30 bis 50 nm (magnetoptisches ↗SNOM)
- Zeitauflösung ≈ 100 ps und besser (zeitaufgelöste Kerr-Mikroskopie)
- Leichte In-situ-Probenmanipulierbarkeit (Heizen bis ca. 870 K, Kühlen bis ca. 4 K, Anlegen mechanischer Spannungen, Anlegen von Magnetfeldern bis in den Tesla-Bereich)

Probenpräparation:

- Möglichst ebene Probenoberfläche (Vermeidung topographischer Kontraste)
- Evtl. spannungsarmes Polieren der Probe notwendig (Ausnahmen: dünne Schichten, amorphe Bänder)

Instrumentierung und Beispiel:

- Modifiziertes Lichtmikroskop (Kerr-Mikroskop)

Aufnahme: IFW Dresden, Schäfer

Abbildung magnetischer Domänen auf einem nicht-orientierten Elektroblech für Anwendungen als Kernmaterial in drehenden elektrischen Maschinen. Der Kerr-Kontrast wurde mittels digitaler Bildverarbeitung verstärkt, indem ein Bild des gesättigten Probenzustandes vom Bild mit Domäneninformation subtrahiert wurde. Das Differenzbild ist dann frei von topographischem Kontrast und enthält nur noch magnetische Information, deren Kontrast digital verstärkt wurde.

3D-AP - Atomsonde

3D-AP - 3D Atom Probe

Anwendungen:

- Metallurgie (z.B. Phasenanalyse, Korngrenzen, Anreicherungen, Einschlüsse, Inhomogenitäten)
- Dünnschichttechnologie (z.B. Magnetspeicher, optische Beschichtungen, Solartechnologie)
- Halbleitertechnologie (z.B. Dotierungen, Segregation, Nanostrukturen)
- Clusterbildung und Ausscheidungsphänomene

Funktionsprinzip:

Dieses Verfahren ist auch als Local Electrode™ Atom Probe (LEAP) oder Atom Probe Tomography (APT) bekannt und wurde 1967 von E.W. MÜLLER und J.A. PANITZ vorgestellt. Es kombiniert ein Feldionenmikroskop mit einem Massenspektrometer und ist das einzige Verfahren zur Materialanalyse, welches Informationen über die Zusammensetzung und gleichzeitig eine 3D-Abbildung im atomaren Maßstab liefert. Die amerikanische Fa. Imago brachte es um das Jahr 2000 zur kommerziellen Reife. Dieser Hersteller wurde später von der Fa. Cameca gekauft, welche seither diese Geräte herstellt und vertreibt.

Das zu untersuchende Material befindet sich in einer scharfen Spitze mit einem Radius von 10 bis 100 nm, welche mittels ↗FIB gefertigt wird. Etwa 50 µm davor ist eine lokale Elektrode angeordnet, welche die Form eines hohlen Kegelstumpfes mit einem Loch in der Mitte hat. Zwischen Probe und Elektrode wird eine Hochspannung von bis zu 20 kV angelegt. In einer Entfernung von 100 bis 200 mm von der Elektrode ist der bildgebende Detektor in Form einer Micro-Channel Plate (MCP) angeordnet. Gibt man jetzt einen zusätzlichen Spannungsimpuls auf die Spitze, werden die darin enthaltenen Atome durch Feldverdampfung herausgelöst, ionisiert und in Richtung Elektrode beschleunigt. Aus dem Ankunftsort auf dem Detektor lassen sich die x- und y-Positionen jedes einzelnen Atoms rekonstruieren. Durch Messung der Flugzeit (Zeit zwischen Auslösen des Spannungsimpulses und Ankunft des Ions auf dem Detektor) wird das Masse-Ladungs-Verhältnis wie in einem Flugzeitmassenspektrometer bestimmt. Die für die 3D-Rekonstruktion erforderliche z-Koordinate kann aus der zeitlichen Reihenfolge, in der die Ionen eintreffen, ermittelt werden. Alternativ zum Spannungsimpuls kann zur Auslösung der Feldverdampfung auch ein Pikosekunden-Laserpuls auf die Probe gerichtet werden, was besonders bei nichtleitenden Proben zur Anwendung kommt. Mit den gewonnenen Daten lässt sich die dreidimensionale Verteilung der Atome rekonstruieren.

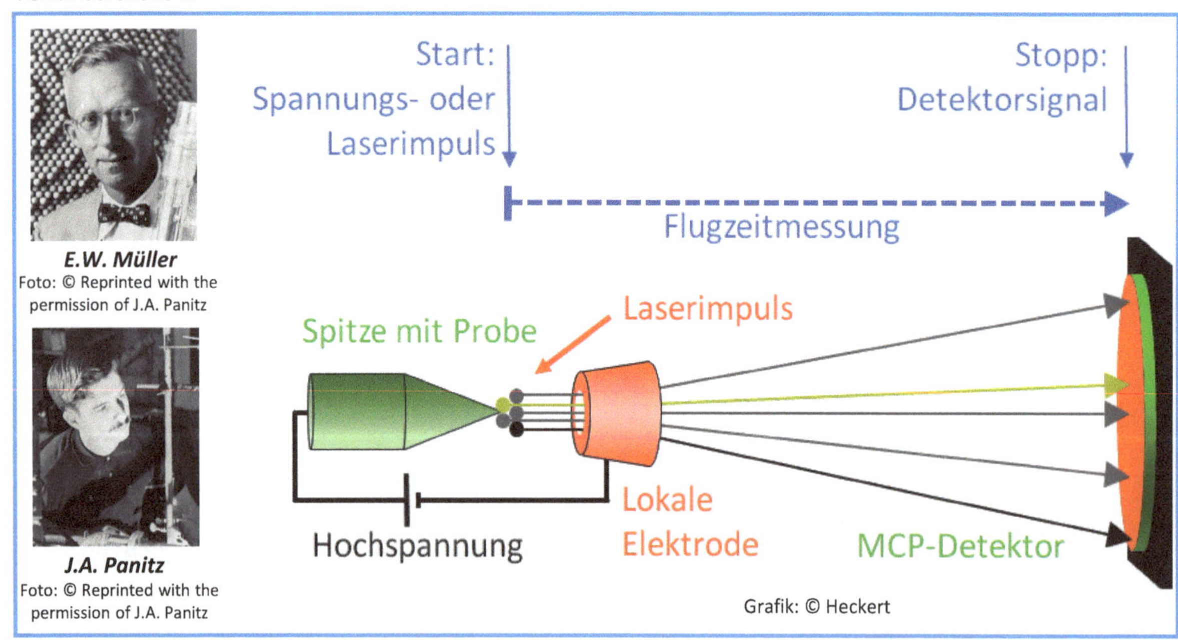

E.W. Müller
Foto: © Reprinted with the permission of J.A. Panitz

J.A. Panitz
Foto: © Reprinted with the permission of J.A. Panitz

Grafik: © Heckert

Leistungsprofil und -grenzen:

- Laterale Auflösung: 0,3 bis 0,5 nm (nahezu atomar)
- Tiefenauflösung: 0,15 bis 0,20 nm
- Typischer Analysenbereich umfasst zylindrische Volumina von 10 bis 50 nm^3
- Bis zu 50 Mio. Atome pro Messung analysierbar

Probenpräparation:

- Spitzen mit 20 bis 50 nm Radius mittels ↗FIB (Erfahrung und Übung erforderlich)
- Präzisionssägen kombiniert mit elektrochemischen Ätzverfahren

Instrumentierung und Beispiel:

- UHV-Kammer
- Probenkühlung bis hinab zu 20 K
- Stabile Hochspannungsquelle
- Impulsgenerator und hochempfindliche, ultraschnelle Impulsmesstechnik
- Micro-Channel Plate mit hoher Ortsauflösung
- Ggf. Pikosekundenlaser

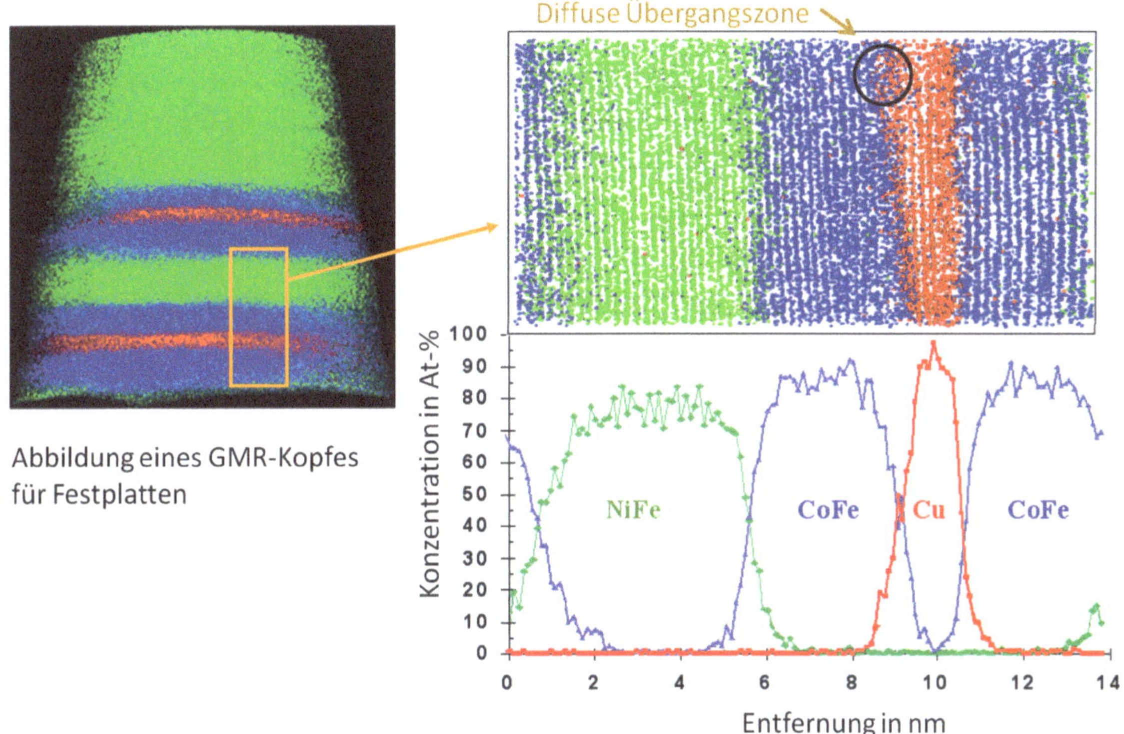

Abbildung eines GMR-Kopfes für Festplatten

Abbildungen: Fa. Cameca; A. Cerezo, P.H. Clifton und D.J. Larson (mit freundlicher Genehmigung)

Schreib-Lese-Köpfe für Festplatten beruhen auf dem GMR-Effekt (**G**iant **M**agneto**r**esistance). In der Atomsondenabbildung werden die Netzebenen sichtbar und es ist eine ausgeprägte Diffusionszone am CoFe-Cu-Interface zu erkennen, welche eine weitere Miniaturisierung verhindert.

Thermographie

Thermography

Anwendungen:

- Detektion lokaler Temperaturgradienten (z.B. Wärmeentwicklung in leistungselektronischen Bauteilen), Lokalisierung von resistiven elektrischen Defekten (z.B. in elektronischen Bauteilen)
- Außerhalb der Werkstoffdiagnostik: Bauthermographie und Bauphysik
- Diagnostik des thermischen Designs von Werkstoffen
- Untersuchung des thermisch-zeitlichen Verhaltens von strukturellen Werkstoffdefekten (aktive dynamische Thermographie), z.B. Prüfung der Haftung von Schichten auf Oberflächen oder hinter der Außenhaut von Flugzeugen verborgenen Strukturen, Lackschichtdicke auf Polymeren, Delaminationen (z.B. CFK), Risse, Lunker, Bruchstellen, Laserschweißnähte usw.

Funktionsprinzip:

Das Verfahren basiert auf Arbeiten von F.W. HERSCHEL, der im Jahr 1800 die Infrarotstrahlung (780 nm bis 1 mm) der Sonne nachgewiesen hat. Die Thermographie ist ein bildgebendes Verfahren zur Darstellung der Oberflächentemperatur von Objekten. Dabei wird die Intensität der Infrarotstrahlung, die von einem Probenpunkt ausgeht, als Maß für dessen Temperatur verwendet. Eine Thermographiekamera wandelt die für das menschliche Auge unsichtbare Infrarotstrahlung in elektrische Signale um und erzeugt ein Falschfarbenbild. Die Zuordnung der thermisch abgestrahlten Leistung P eines realen Körpers mit der Fläche A (Emissionskoeffizient $\varepsilon < 1$, Stefan-Boltzmann-Konstante σ) zur gesuchten absoluten Temperatur T des Körpers ist durch das modifizierte Stefan-Boltzmann-Gesetz (s. Bild unten) gegeben. Beim Thermographieverfahren werden grundsätzlich folgende zwei Varianten unterschieden: „Passive Thermographie“ (Statische Aufnahme der Temperaturverteilung auf einer Probe) und „Aktive Thermographie“ (Einbringung von Energie in die Probe und Beobachtung der thermischen Reaktion). Bei der passiven Thermographie steht die Detektion lokaler Temperaturverteilungen von z.B. in Betrieb befindlichen leistungselektronischen Bauteilen im Vordergrund. Strukturelle Defekte, z.B. in Verbundwerkstoffen oder Werkstoffverbunden, lassen sich dagegen besser mit aktiver Thermographie erfassen. Aktiv dynamische Varianten sind z.B. die Impuls- und Lock-In-Thermographie, wo modulierte Energie in die Probe eingebracht und das thermisch-zeitliche Verhalten beobachtet wird. Bei der Lock-In-Methode (hohe Sensitivität) regt man mit einer definierten Frequenz thermisch an und erhält mittels spezieller Auswertealgorithmen ein Amplituden- und Phasenbild.

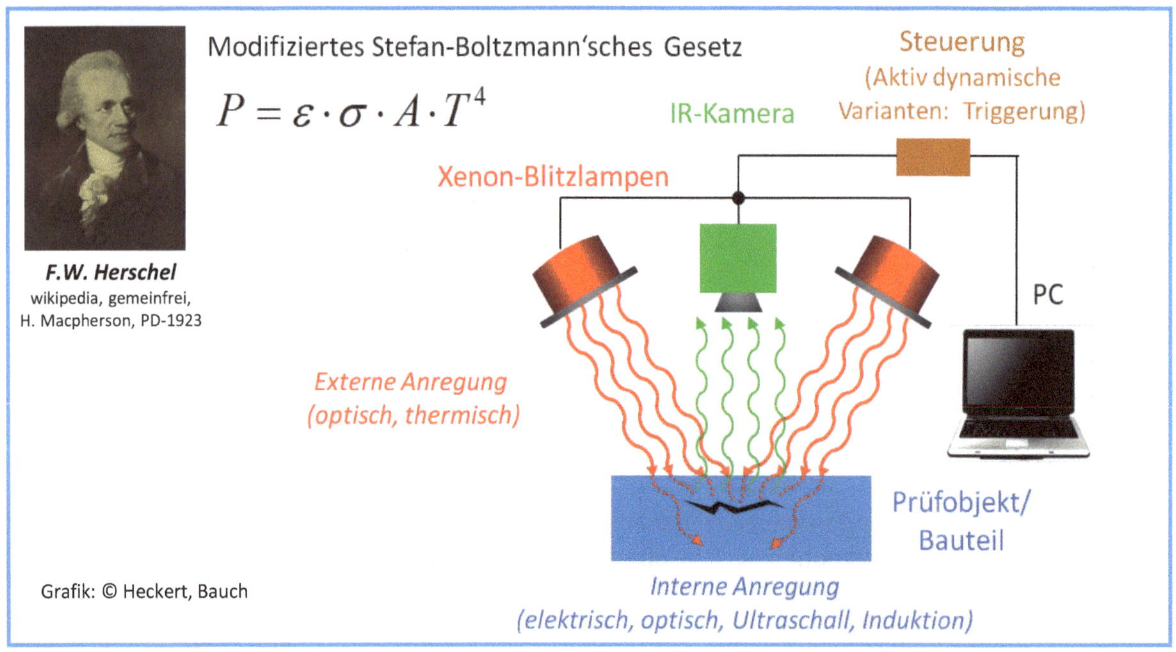

F.W. Herschel
wikipedia, gemeinfrei, H. Macpherson, PD-1923

Grafik: © Heckert, Bauch

Leistungsprofil und -grenzen:

- Leistungsdaten sehr stark anregungs- und geräteabhängig
- IR-Kameras bis zu 1280 × 1024 Pixel
- Thermische Auflösung: teilweise bis unter 0,015 K, Spitzenwert 0,002 K (jeweils gekühlter Detektor)
- Ortsauflösung bis ca. 15 µm (in speziellen gerätetechnischen Konfigurationen)
- Maximale Bildfrequenz (Frames per second): < 400 fps (gekühlt) und 50/60 fps (ungekühlt)
- Üblicher Wellenlängenbereich: etwa von 2 µm bis 20 µm
- Starke Abhängigkeit der detektierbaren Fehlergröße von der Fehlertiefe
- Breites untersuchbares Werkstoffspektrum inklusive Polymer- und Keramikwerkstoffe

Probenpräparation:

- Keine, frei von störenden Deckschichten

Instrumentierung und Beispiele:

- IR-Kamera, ggf. gekoppelt mit Equipment zur thermischen Anregung (Triggerung)
- Ungekühlte Detektoren (Widerstandsänderung durch Erwärmung, preiswert, geringere Empfindlichkeit)
- Gekühlte Detektoren (innerer fotoelektrischer Effekt, teuer, sehr hohe Empfindlichkeit, meist Stirling-Kühlung)

Aufnahme: Fraunhofer IWM Halle, Altmann

Lock-In-Thermographiebild eines integrierten Schaltkreises unter dynamisch elektrischer Anregung (Visualisierung der umgesetzten Verlustleistung aktiver Strukturen)

Aufnahme: TUD, Institut AVT, Schaulin

Impuls-Thermographiebild (Monopuls) von einer 3 mm dicken CFK-Platte in Reflexion (Visualisierung der Faserlagen)

TherMoiré

TherMoiré

Anwendungen:

- Messung der Verwindung und Verwölbung (Oberbegriff Verbiegungen) von ebenen Objekten unter thermischer Belastung (z.B. Löten von Leiterplatten in der Elektronikfertigung)

Funktionsprinzip:

Das Verfahren geht auf Arbeiten von Ch. UME (Georgia Tech, Atlanta) zurück und wird seit 1994 von der Fa. Akrometrix kommerziell umgesetzt. Es basiert auf der Analyse von Schattenmoirémustern. Mit einer Linienlichtquelle wird ein Liniengitter durchstrahlt (1). Das teilweise abgeschattete Licht wird durch das Messobjekt diffus reflektiert und passiert noch einmal das Liniengitter. Es entsteht ein Schattenmoirébild (2). Die Intensität des ausgehenden Lichts korreliert mit dem Abstand des Messobjekts zum Liniengitter. Mit Hilfe dieses Zusammenhangs können dann die Höhen der vermessenen Fläche des Messobjekts ermittelt werden, wobei hier die Genauigkeit in z-Richtung noch nicht ausreicht. Für eine genauere Messung wird das Messobjekt viermal gemessen, wobei die Höhe des Messobjektes definiert mit Hilfe des Servomotors geändert wird, was zu einer Verschiebung der Schatten führt. Die vier Schattenbilder werden überlagert und es entsteht ein Phasenbild (3). Aus diesem Phasenbild können dann mit einer relativ hohen Genauigkeit die Höheninformationen gewonnen werden. Dieses Messprinzip ist so robust, dass es sich in einem Ofen (4) unterbringen lässt, was bei anderen und auch genaueren Messverfahren (z.B. Laserscan) nicht möglich ist.

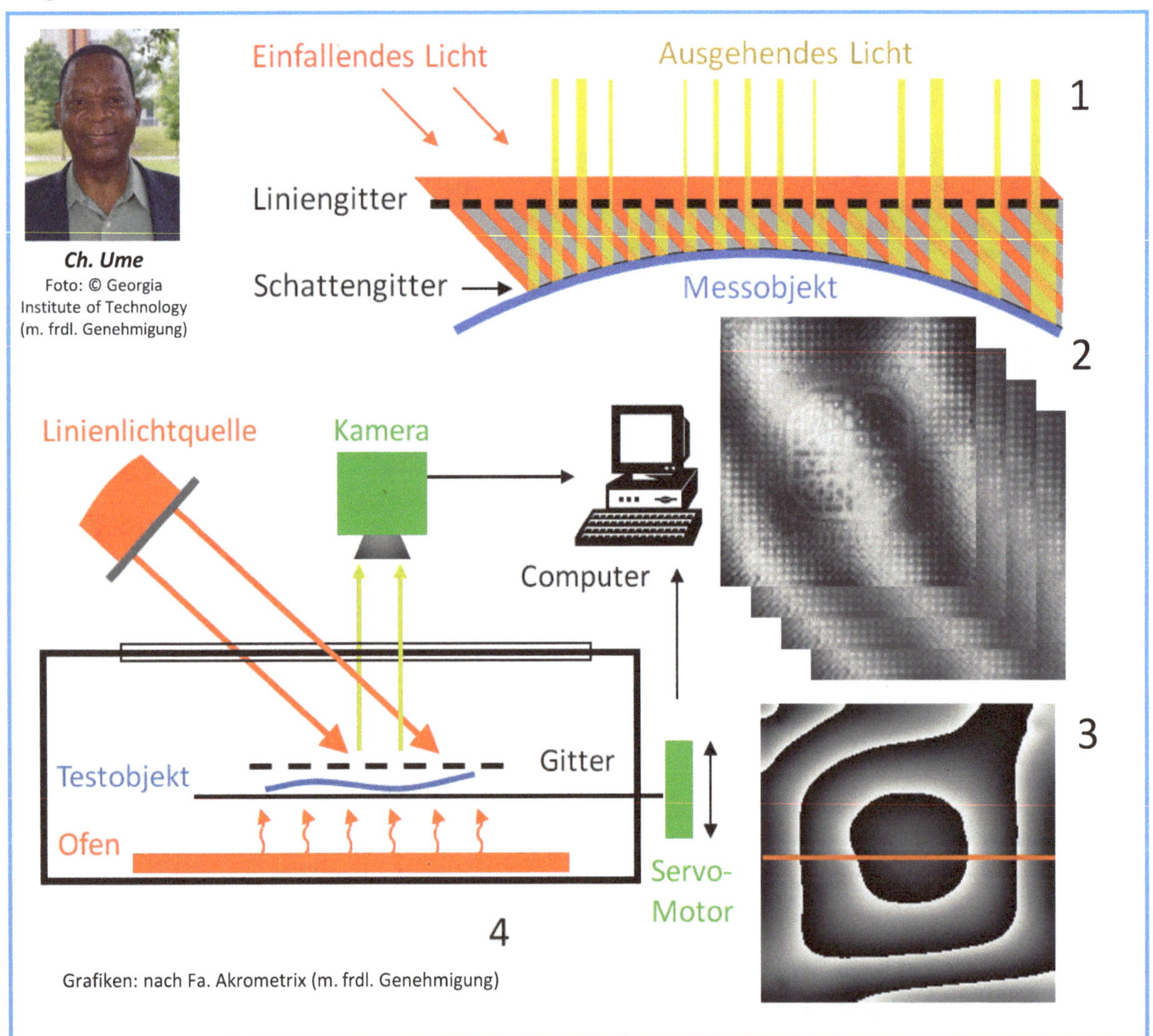

Ch. Ume
Foto: © Georgia Institute of Technology (m. frdl. Genehmigung)

Grafiken: nach Fa. Akrometrix (m. frdl. Genehmigung)

Leistungsprofil und -grenzen:

- Probengröße: typ. 2 × 2 mm^2 bis 600 × 600 mm^2
- Temperaturbereich -50 °C bis 300 °C (Temperaturen < 25 °C nur mit Zusatzaufwand realisierbar)
- Erreichbare Temperaturrate 0,25 bis 1 K/s
- Z-Auflösung 0,8 µm, Wiederholgenauigkeit 2,5 µm (geräteabhängig)
- Messzeit ca. 1 s
- Keine Messung der lateralen Ausdehnung

Probenpräparation:

- Oberfläche muss weiß, nichtglänzend und frei von größeren Stufen (< 250 µm) sein

Instrumentierung und Beispiel:

- Typische Anwendungen findet man in der Elektronikfertigung, insbesondere bei der Bestückung von Leiterplatten mit elektronischen Bauteilen. Im Fertigungsschritt Löten werden die Leiterplatten auf ca. 250 °C erwärmt. Da sowohl die Bauteile als auch die Leiterplatten Mehrschichtsysteme aus unterschiedlichen Materialien mit unterschiedlichen Ausdehnungskoeffizienten sind, können unsymmetrische oder fehlerhaft konstruierte Aufbauten zu Verbiegungen bei der Löttemperatur führen, wobei bei Raumtemperatur die Objekte in der Regel kaum verbogen sind.

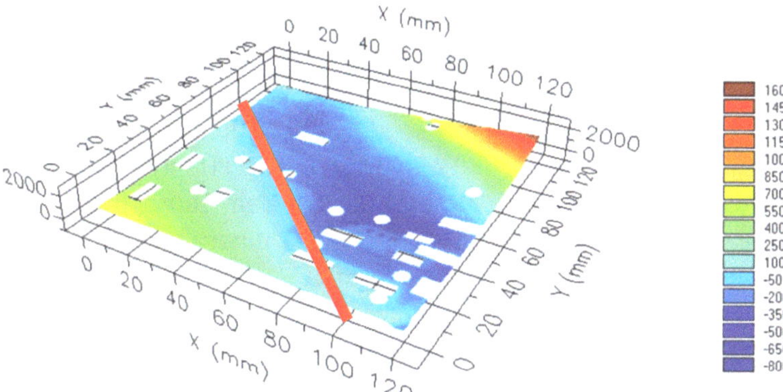

Diagramm: TUD, IVAT, Wohlrabe

Das Beispiel zeigt die 3D-Darstellung der Verwölbung einer Vierlagenleiterplatte mit Dickkupferinnenlagen bei 250 °C. Es sind Höhenunterschiede von ca. 2 mm vorhanden, die nicht akzeptabel sind und zu Lötfehlern führen können. Bei Raumtemperatur waren diese Verbiegungen nicht vorhanden.

Die Ursache ist hier die konstruktive Gestaltung der Dickkupferinnenlagen, die in lateraler Richtung stark unterschiedlich sind und an der Grenzlinie (rote Geraden) zu einer starken Verbiegung führen.

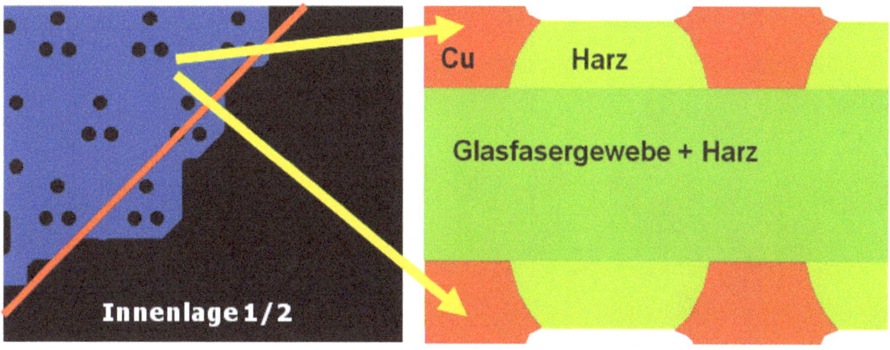

Grafiken: KSG Leiterplatten GmbH, Gornsdorf

RGS - Röntgengrobstrukturinspektion X-ray Radiography
Röntgenmikrofokusinspektion X-ray Microfocus Radiography

Anwendungen:

- Durchstrahlung von kompakten Komponenten und Bauteilen zur Defektlokalisierung und ggf. Defektgrößenbestimmung

Funktionsprinzip:

Ein aus einer Strahlenquelle (Röntgenröhre, Radionuklid bei „Gammadefektoskopie“) austretender Primärstrahl wird mittels einer Bleiblende (Vermeidung von Streustrahlung) ausgeblendet und auf das Untersuchungsobjekt ausgerichtet (W.C. RÖNTGEN, 1895). Alle nicht interessierenden Probenbereiche werden ebenfalls mit Blei abgedeckt. Zur Bestimmung der Auflösung (Bildgütezahl BZ) und der Dickenerkennbarkeit (DE) kann auf die Oberfläche des Prüfteils ein Bildgüteprüfkörper (BPK, s. Bild rechts) aufgelegt werden. Zur Minimierung des Einflusses der geometrischen (Quelle nicht punktförmig) und der inneren Unschärfe (Detektorfehler) sollte der optimale Abstand Strahler-Detektor bei ca. 700 mm liegen. Als Detektoren kommen Röntgenfilme, Leuchtschirme oder digital auslesbare Systeme wie Image Plates oder Festkörperdetektoren zum Einsatz. Insbesondere bei Filmregistrierung kann unterhalb der Probe eine filmintegrierte Metallverstärkerfolie (ab ca. > 100 keV, Verstärkung der Photoelektronen) angeordnet werden. Zur Durchstrahlung der Probe wird die Bremsstrahlung ausgenutzt. Ziel ist die Abbildung eines hohen Kontrastunterschieds (Absorptionskontrast) der in der Probe befindlichen Bestandteile inklusive der Fehler. Die physikalische Grundlage liefert hierbei das Schwächungsgesetz (Lambert-Beer'sches-Gesetz): $I=I_0e^{-\mu D}$ (I - Sekundärintensität, I_0 - Primärintensität, μ - Absorptionskoeffizient, D - Materialdicke). Bei einem inhomogenen Bauteil muss der Koeffizient μ additiv aus den entsprechenden Absorptionsbeiträgen gebildet werden. Physikalisch setzt er sich aus den von der Energie, der Materialdichte und der Ordnungszahl abhängigen Parametern Photoabsorption τ, Streuung σ und Paarbildung π (entfällt in der Laborpraxis, da Anregungsenergie $\geq$ 1,022 MeV) zusammen. Die Grenze für technische Röntgenröhren liegt bei ca. 450 kV Beschleunigungsspannung. Beim Mikrofokusverfahren wird der Elektronenstrahl mittels elektromagnetischer Linsen nahezu punktförmig auf dem Target fokussiert, d.h. der Fokusdurchmesser sinkt. Dadurch wird die geometrische Unschärfe kleiner und es sind sehr hohe Direktvergrößerungen sowie eine hohe Detailerkennbarkeit erreichbar.

Eine vielversprechende Ergänzung/Alternative stellt das Phasenkontrastverfahren (F. PFEIFFER) dar, bei dem die äußerst geringe Änderung des Strahlablenkungswinkels beim Passieren von Dichte-Inhomogenitäten der Probe zu einer Phasenverschiebung führt, die in eine Intensitätsänderung mittels mehrerer mikromechanischer Gitter umgesetzt werden kann. Insbesondere bei biologischen Proben verbessern sich der Weichteilkontrast und die Feinstrukturauflösung erheblich.

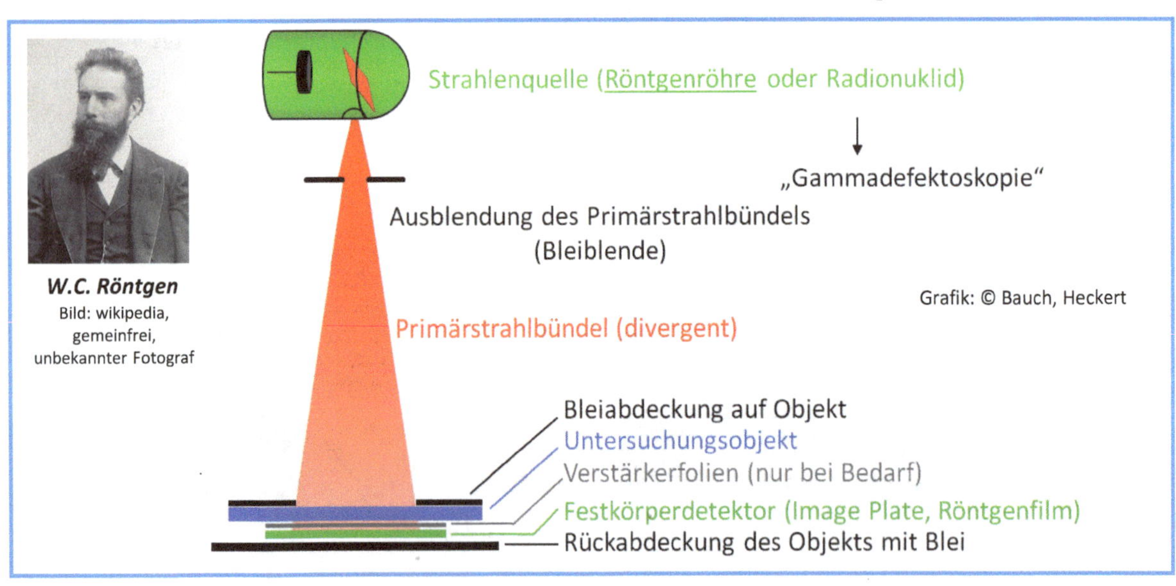

W.C. Röntgen
Bild: wikipedia, gemeinfrei, unbekannter Fotograf

Grafik: © Bauch, Heckert

Leistungsprofil und -grenzen:

Zur Bestimmung der Auflösungsgrenze wird nach DIN EN ISO 19232 ein Bildgüteprüfkörper BPK (hier häufig verwendeter Drahtstegkörper für Fe), bestehend aus 7 im Durchmesser nach einer geometrischen Reihe abgestuften Drähten, an der strahlenquellenzugewandten Seite des Prüfstückes befestigt und bei der Exposition mit abgebildet. Die Nummer des dünnsten auf dem Film noch erkennbaren Drahtes gibt die Bildgütezahl BZ an.
Es gibt Bildgüteprüfkörper für Eisen, Aluminium- und Kupferwerkstoffe.

Foto: Bauch

- Ortsauflösung bei Grobstrukturinspektion ca. 50 µm und wenige µm bei Mikrofokusanlagen (stark röhren-, detektor- und materialabhängig). Neueste Nanofokusgeräte liegen bei ca. 0,5 µm.
- Für maximalen Kontrast Beschleunigungsspannung nur so hoch wählen, dass Bauteil gerade durchstrahlt wird (direkte Folgerung aus dem Schwächungsgesetz)!

Probenpräparation:

- keine

Instrumentierung und Beispiele:

- Detektoren: Röntgenfilm, Leuchtschirme, Image Plates sowie elektronische Festkörperdetektoren
- Erheblicher Aufwand für den Strahlenschutz (Räume, Ämter, TÜV, Dosimetrie usw.)

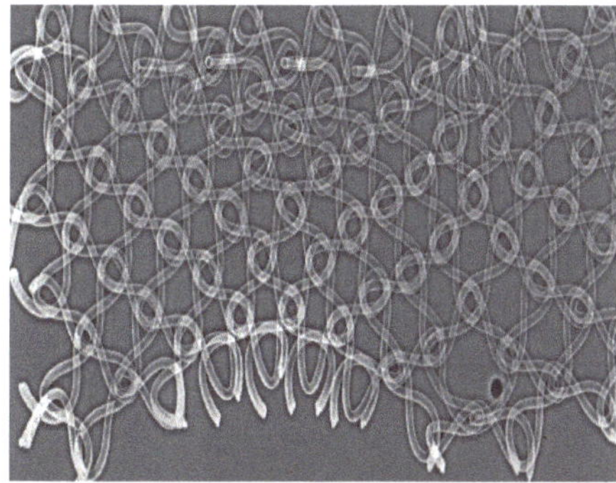

Aufnahme: TUD, Wünsche; Probe: Fh IFAM DD

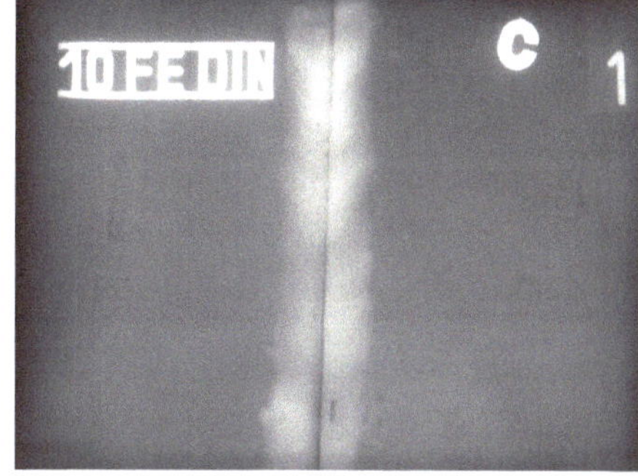

Aufnahme: TUD, Wünsche

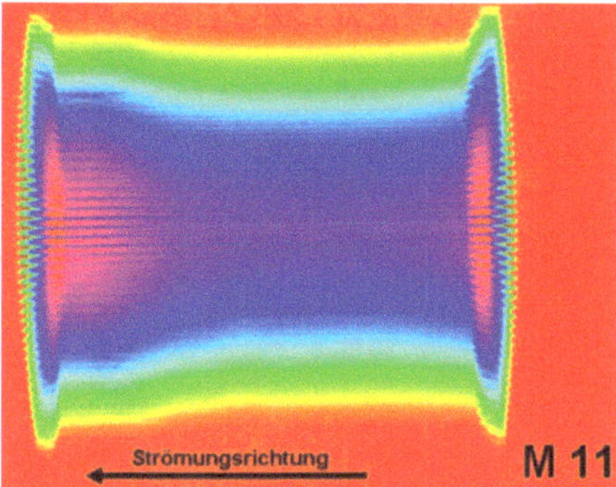

Aufnahme: TUD, Böhling; Bauteil: TUD, IAD, Zellbeck

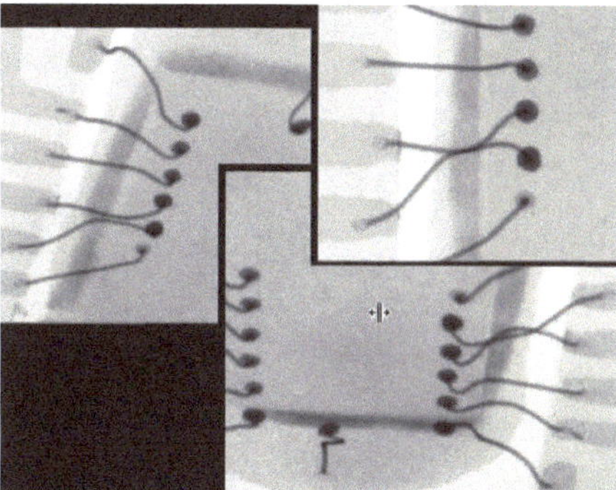

Aufnahme: TUD, IAVT, Oppermann

Röntgendurchstrahlungsaufnahmen von drahtgewebeverstärkten Al-Platten (oben links), einer Schweißnaht (oben rechts), der Rußverteilung in einem keramischen Dieselpartikelfilter mit Falschfarben (unten links) und einem mikroelektronischen Bauteil (unten rechts). Letzteres wurde mittels einer Mikrofokusröhre senkrecht bzw. schräg durchstrahlt und zeigt die 25 µm dicken Gold-Bonddrähte mit Verdacht auf einen Kurzschluss.

XCT - Röntgen-Computertomographie

XCT - X-ray Computed Tomography

Anwendungen:

- Durchstrahlung von kompakten Komponenten und Bauteilen zur Darstellung eines 3D-Volumenmodells der Probe

Funktionsprinzip:

Die Röntgen-Computertomographie (XCT) wurde von G. HOUNSFIELD und A.M. CORMACK in den 1960er Jahren entwickelt. Die mathematische Grundlage stammt von J. RADON aus dem Jahr 1917.

Die XCT liefert 3D-Modelle der Untersuchungsobjekte unter Verwendung einer Röntgenröhre (Kegelstrahl, Vergrößerungseffekt) oder einer Synchrotronquelle (Parallelstrahl, keine Vergrößerung, besserer Kontrast durch weniger Artefakte). Bei dieser Technik wird das zwischen Röntgenröhre und Flächendetektor angeordnete Objekt in definierten Winkelschritten gedreht und je ein zweidimensionales Radiographiebild detektorseitig registriert (s. linkes Teilbild). In der Medizin erfolgt heute eine kontinuierliche Kreisbewegung der Röhre und des gekoppelten Detektors um den translatorisch bewegten Patienten (Spiral-CT) mit bis zu einigen hundert Schnitten pro Umlauf (Multislice-CT). In der Detektorebene wird somit die Absorption der Röntgenstrahlen längs einer Vielzahl von Geraden von der Röntgenquelle zum Detektor in einer Ebene (Linienintegrale längs eines Weges, vgl. Teilbild rechts) als Grauwert eines Pixels bestimmt. Der Grauwert eines Detektorpixels enthält dabei Informationen über die Gesamtschwächung der Probe entlang eines Weges gemäß dem Schwächungsgesetz. Die jeweilige Gesamtschwächung ist dabei ein Wert der Radontransformierten der ortsabhängigen Probenschwächung. Die heute meist genutzte Variante zur Rekonstruktion zweidimensionaler Absorptionsschnittbilder aus den Messwerten (Berechnung der inversen Radontransformierten) ist die sog. gefilterte Rückprojektion (Faltung mit geeignetem Filter). Dadurch werden Verschmierungen und weitere Artefakte reduziert. Das softwaregestützte Zusammenfügen dieser Bilder ermöglicht anschließend die Visualisierung eines 3D-Volumenmodells des Objekts mit einem Voxel (volumetric pixel) als kleinste Volumeneinheit. Wegen der Verwendung polychromatischer Strahlung und der Energieabhängigkeit des Schwächungskoeffizienten tritt im Gegensatz zur Verwendung monochromatischer Synchrotronquellen eine Strahlaufhärtung mit bildverzeichnender Wirkung auf. Dem begegnet man wirksam mit geeigneten Metallfiltern unmittelbar vor der Röntgenröhre.

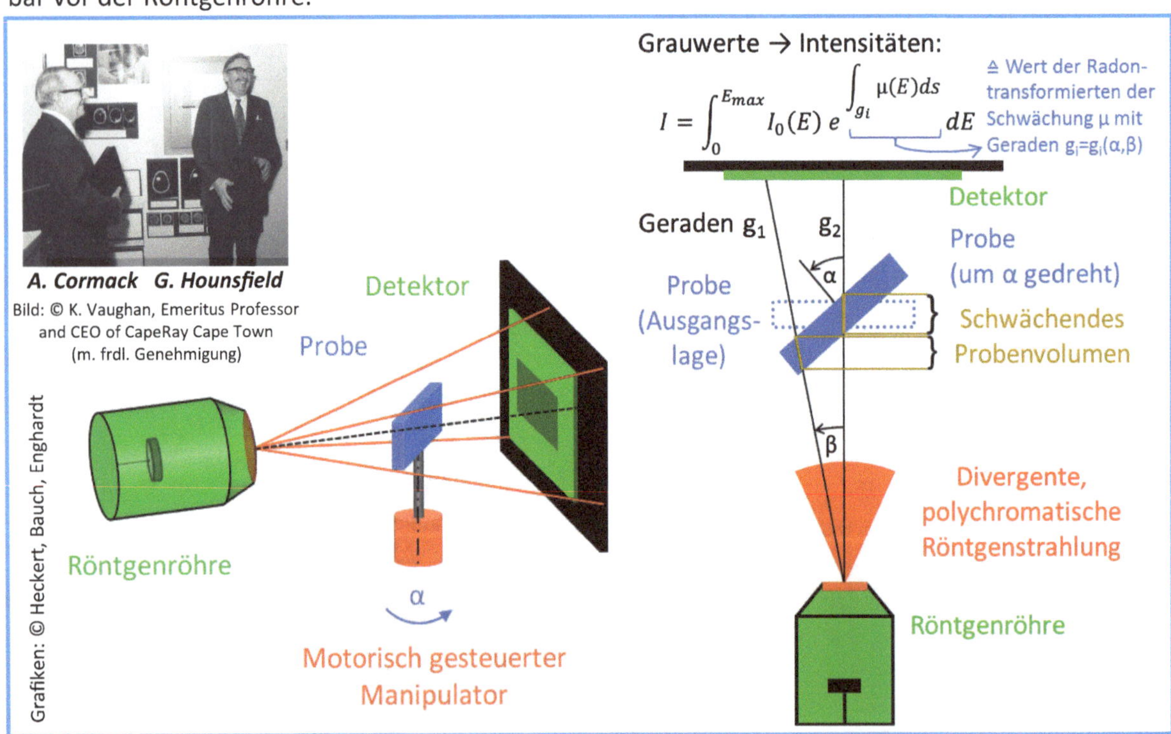

Leistungsprofil und -grenzen:

- Ortsauflösung stark röhren-, detektor-, material-, proben-, vergrößerungs-, rekonstruktions- und herstellerabhängig und somit schwer vergleichbar
- Festgeschriebene Normen: MTF (Modulation Transfer Function) zeigt die Kontrastamplitude in Abhängigkeit von der Ortsauflösung (Messung an einem Zylinder) und/oder die Berechnung eines Kontrastfaktors an Linienpaarstrukturen als Funktion der Auflösung.
  Einige Anwender verwenden auch den jap. JIMA-Test (JIMA RT RC-02, „Line and Space Pattern").
- In der Praxis werden auch häufig die Detailerkennbarkeit und die Voxelgröße angegeben. Typische Werte: Bei Voxelgrößen von 1 bis 10 µm sind Details zwischen 5 bis 20 µm erkennbar. Bei Nano-CT-Systemen sind auch Voxelgrößen erheblich unter 500 nm darstellbar, allerdings liegen dann die Rekonstruktionsvolumina nur im μm^3-Bereich.

Instrumentierung und Beispiele:

- Detektoren: Szintillator in Kombination mit CCD sowie weitere digital auslesbare Festkörperdetektoren
- Erheblicher Aufwand für den Strahlenschutz bei offenen Systemen (Räume, Ämter, TÜV, Dosimetrie usw.); Alternative: Vollschutzgeräte

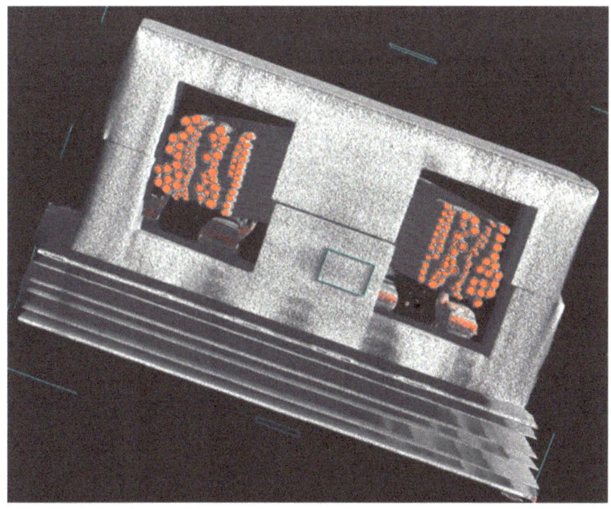

Computertomographie (virtueller Schnitt) eines Transformators mit Ferritkern für Schaltnetzteilanwendungen, aufgelötet auf eine 6-fach-Multilayer-Platine (die Wicklungen sind rot eingefärbt)

Aufnahme: TUD, IAVT, Oppermann

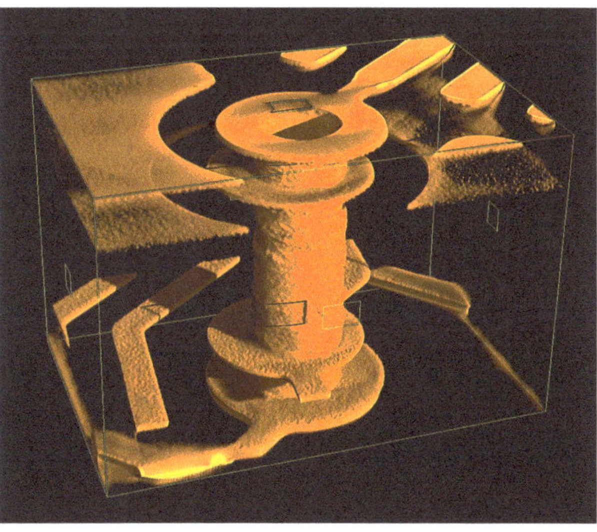

Computertomographie (3D-Ansicht) einer Durchkontaktierung in einer Leiterplatte

Aufnahme: Fraunhofer IKTS Dresden, Krüger

XCL - Röntgen-Computerlaminographie / Planartomographie

XCL - X-ray Computed Laminography / Planar Tomography

Anwendungen:

- Durchstrahlung von kompakten Komponenten und Bauteilen mit großer flächenmäßiger Ausdehnung und vergleichsweise kleiner Dicke zur Defektlokalisierung und 3D-Schichtdarstellung

Funktionsprinzip:

Bei der Laminographie werden analog zur Computertomographie aus verschiedenen Aufnahmen mit jeweils integralen Schwächungsinformationen Schnittebenen der untersuchten Proben rekonstruiert. Im Gegensatz zur Tomographie wird keine Kreisbewegung der Röntgenröhre und des Detektors um die Probe (Medizin) bzw. keine Probenrotation (Technik) ausgeführt. Die Röntgenröhre und der Detektor bewegen sich in zueinander parallelen Ebenen auf gegenüberliegenden Seiten der Probe. Dies ermöglicht die Bewegung der Röhre nah am Bauteil und damit hohe Vergrößerungen. Die Genauigkeit der Tiefeninformation ist, bedingt durch die Einfallswinkel der Röntgenstrahlen, nur gering und nimmt in zunehmender Entfernung zur sog. Fokusebene ab. Die Fokusebene ist dabei jene Ebene, deren Punkte für alle Aufnahmepositionen auf dieselben Detektorpunkte abgebildet werden. Bei Aufnahmen mit Röntgenfilm wird nur diese Ebene scharf abgebildet. Durch geeignete Rekonstruktionsverfahren (z.B. Tomosynthese) sind bei der digitalen Laminographie Informationen über weitere Schnittebenen zu gewinnen. Mittels Veränderungen der Aufnahmegeometrie und der zugehörigen Rekonstruktionsverfahren sind Anpassungen an verschiedene Probenparameter möglich.

Es werden zwei Varianten der Laminographie unterschieden, die unter den Oberbegriff der Planar-CT fallen: Bei der rotatorischen Laminographie bewegen sich Detektor und Röhre auf Kreisbahnen gleichsinnig um eine gemeinsame Achse. Sie sind dabei meist um 180° zueinander versetzt (vgl. Bild unten rechts). Im Gegensatz dazu bewegen sich Flächendetektor und Röhre bei der translatorischen Laminographie gegenläufig auf parallelen Geraden (vgl. Bild oben links).

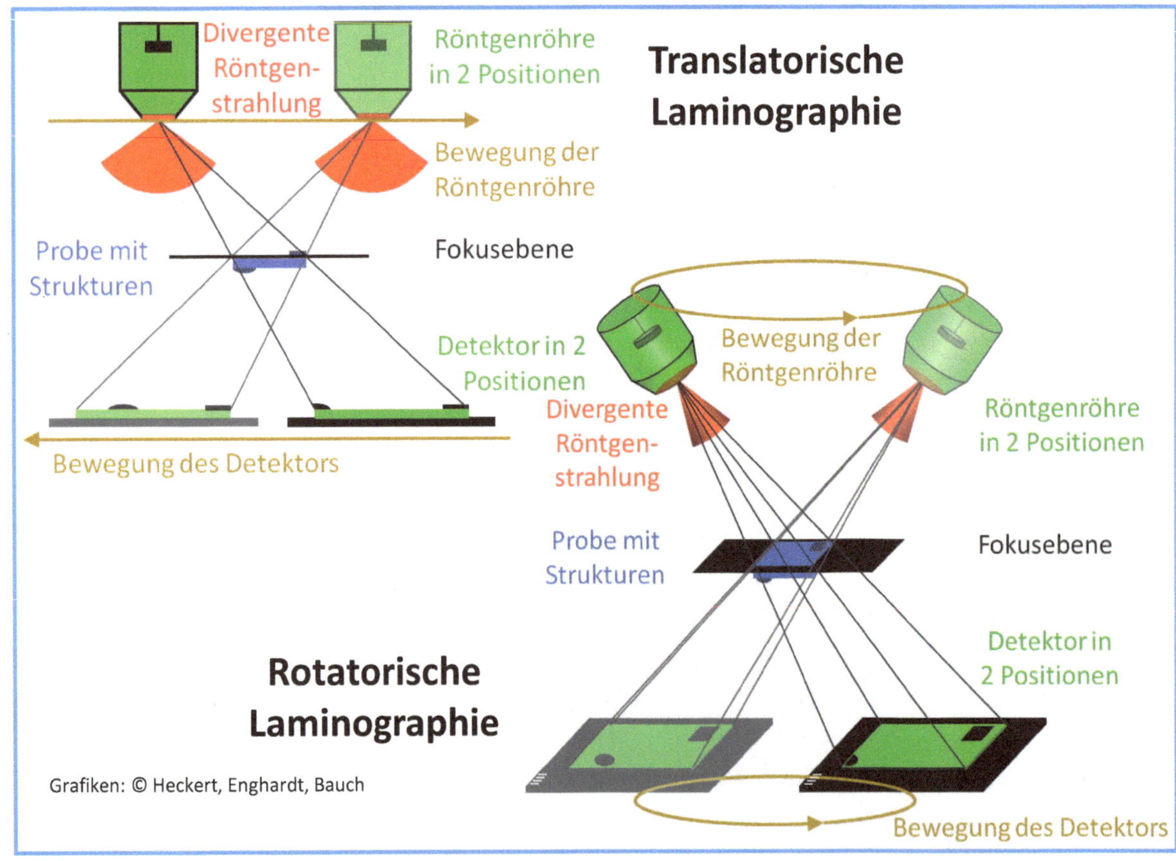

Grafiken: © Heckert, Enghardt, Bauch

Leistungsprofil und -grenzen:

- Ortsauflösung: einige µm bis ca. 0,5 mm (stark anlagen-, probengrößen- und materialabhängig, vgl. ↗XCT)
- Für maximalen Kontrast Beschleunigungsspannung nur so hoch wählen, dass Bauteil gerade durchstrahlt wird (direkte Folgerung aus dem Schwächungsgesetz)!

Instrumentierung und Beispiel:

- Detektoren: Röntgenfilm, Image Plates sowie Festkörperdetektoren und Kombination Szintillator/CCD
- Erheblicher Aufwand für den Strahlenschutz (Räume, Ämter, TÜV, Dosimetrie usw.)

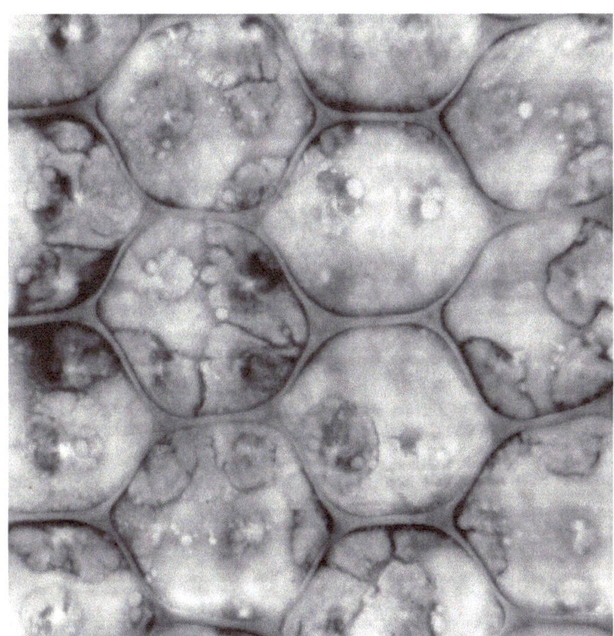

Laminographieaufnahme einer auf CFK-Geflecht aufkaschierten Honeycomb-Struktur: Die scharf abgebildete, einzelne Schichtlage (Fokusebene: kunstharzgefüllter Wabenkern) wird nur leicht von Strukturen aus den Nachbarschichten überlagert, z.B. ist das Fasergeflecht der Basisplatte als Einstreuung angedeutet. Die Dichteauflösung ist hoch, die Poren der Klebeschicht sind klar erkennbar.

Aufnahmen: Fa. Diondo GmbH, Hattingen (mit freundlicher Genehmigung)

Zum Vergleich:
Einfaches radiographisches Durchstrahlungsbild des identischen Probenbereiches vom obigen Beispiel:
Die Zellen werden durch die Zentralprojektion verzeichnet, strukturelle Formfehler sind nicht eindeutig nachweisbar. Mindestens eine der Klebeschichten ist ungleichmäßig dick und porenhaltig. Die Aufnahme zeigt gegenüber der Laminographie eine wesentlich schlechtere Detailerkennbarkeit.

XRM - Röntgenmikroskopie

XRM - X-ray Microscopy

Anwendungen:

- Zerstörungsfreie Abbildung des Inneren einer Probe (z.B. Morphologie, Bauteilschädigungen, Einschlüsse, Ausscheidungen)
- Abbildung von medizinischen und anderen biologischen Präparaten, deren natürliche Strukturen an ein flüssiges Medium gebunden sind
- Zerstörungsfreie Untersuchung von Kunst- und Kulturgütern
- 3D-Abbildung mittels Röntgentomographie (↗XCT)

Funktionsprinzip:

G. SCHMAHL ist einer der Wegbereiter für diese Methode. Er hat auch die Zonenplatten als Linsen für Röntgenstrahlen eingeführt. Grundsätzlich sind zwei Grundtypen von Röntgenmikroskopen zu unterscheiden. Die Röntgenschattenmikroskope, welche nach dem einfachen Projektionsprinzip arbeiten, und solche mit fokussierenden optischen Elementen, welche entweder Fresnel-Zonenplatten, Multi-Layer-Laue-Linsen (in Entwicklung) oder refraktive Röntgenlinsen sein können. In solchen Röntgenmikroskopen sind folgende Elemente hintereinander angeordnet: eine Röntgenquelle, eine Beleuchtungsoptik, ein sogenannter Beamstopper, das Untersuchungsobjekt, eine Röntgenlinse (z.B. Zonenplatte) sowie ein Bilddetektor. Je nach Dichte und Dicke des betreffenden Probenbereiches wird die Röntgenstrahlung unterschiedlich stark geschwächt. Die hinter der Probe angeordnete Röntgenlinse wirft ein vergrößertes Abbild der Probe auf den Detektor, welches auf dem Absorptionskontrast beruht. Bei Röntgenschattenmikroskopen erzielt man Auflösungen von knapp unter einem Mikrometer bis in den Bereich von Millimetern. Bei Mikroskopen mit fokussierenden optischen Elementen erreicht man Auflösungen bis hin zu 20 nm. Dies erfordert jedoch eine monochromatische Röntgenquelle (charakteristische Strahlung) und sehr kleine Proben. Hier ist auch ein weiterer Abbildungsmodus, der Phasenkontrast nach F. ZERNEKE, möglich. Als Röntgenquellen kommen Mikrofokus-Röntgenröhren, Synchrotronquellen oder Plasmaquellen zum Einsatz. Als Detektoren werden CCD-Kameras oder Fluoreszenzschirme in Verbindung mit einem optischen Mikroskop verwendet. Es gibt auch Röntgenrastermikroskope, in denen die Probe im Fokuspunkt des Röntgenstrahls angeordnet ist und dort lateral mechanisch gerastert wird. Damit lassen sich zur Abbildung beispielsweise auch die Röntgenfluoreszenzstrahlung (↗RFA) oder die Röntgenbeugung (↗XRD) nutzen.

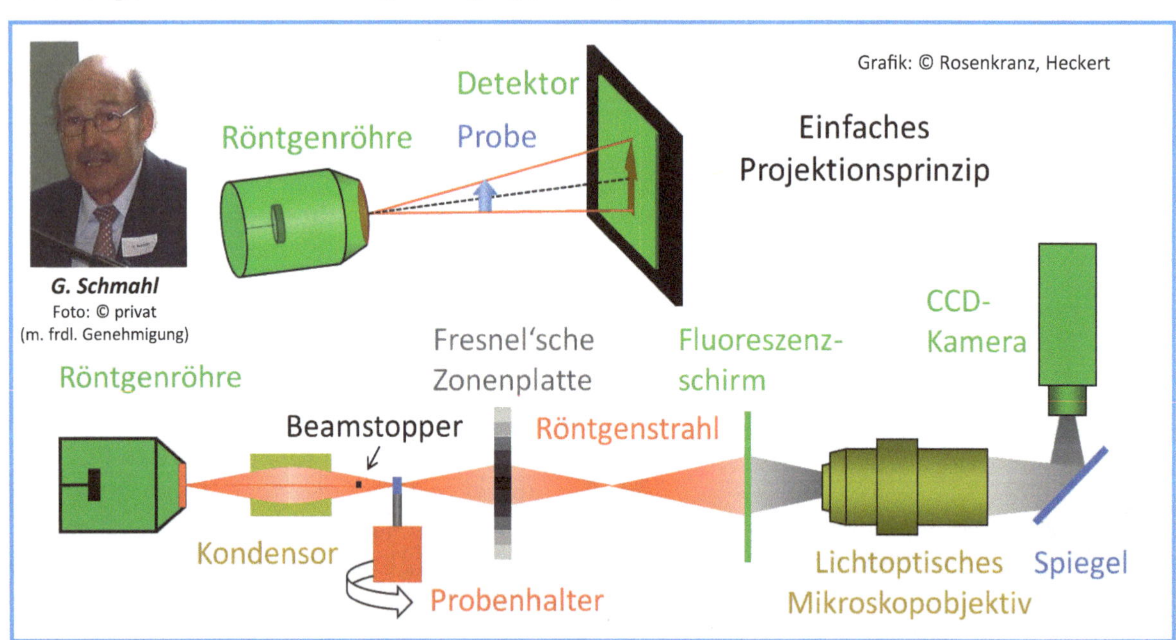

Leistungsprofil und -grenzen:

- Auflösung von Röntgenschattenmikroskopen: ca. 1 µm bis ca. 1 mm, je nach verwendeter Beleuchtungsoptik und Wellenlänge
- Auflösung der Mikroskope mit Röntgenlinsen: 70 nm bis 20 nm
- Wellenlängenbereich: ca. 0,001 nm bis 10 nm
- Untersuchbarkeit aller Materialien (organisch oder anorganisch, fest oder flüssig, leitend oder nichtleitend, sogar lebende biologische Proben) möglich
- Zumindest am Probenort kein Vakuum erforderlich
- Messzeit für eine Abbildung: Sekundenbruchteile bis einige Minuten
- Messzeit für eine Tomographie in Höchstauflösung: eine Stunde bis zu mehreren Tagen
- Elementverteilung bei kleinen Proben durch Nutzung der Röntgenfluoreszenzstrahlung anstelle der transmittierten Strahlung (auch 3D)

Probenpräparation:

- Beim Mikroskop mit Röntgenlinsen ist Abdünnen der Probe wegen begrenztem Durchdringungsvermögen der char. Röntgenstrahlung (üblicherweise < 100 µm, z.T. bis auf 15 µm) nötig
- Beim Röntgenschattenmikroskop sind Probendicken bis zu mehreren cm bei Verwendung hochenergetischer Bremsstrahlung möglich
- Für Tomographie müssen Proben allseitig gedünnt werden (Zylinder- oder Prismenform)

Instrumentierung und Beispiele:

- Quellen: Drehanoden-, Flüssigmetall- oder Mikrofokus-Röntgenröhren, Synchrotronstrahlung, Plasmaquellen
- Fresnel'sche Zonenplatten und refraktive Optiken, sehr aufwendig und teuer in der Herstellung
- Kombinierbar mit Zusätzen, wie z.B. Heizkammern, Kryo-Kammern, Biegevorrichtungen u.a.

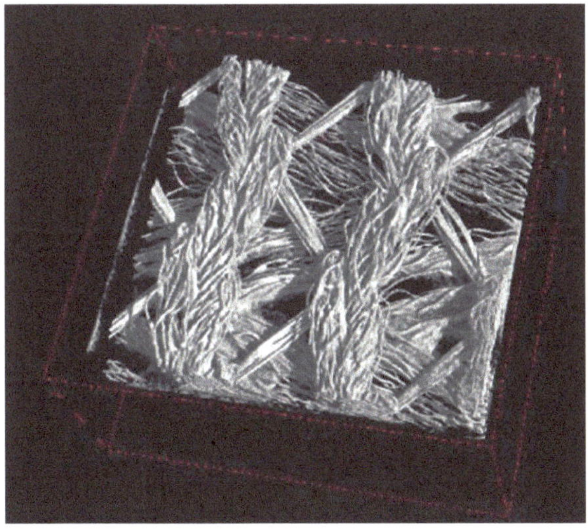

Röntgenmikroskopische Aufnahme in 3D eines Spezialgewebes

Röntgenmikroskopische Aufnahme in 3D eines Ball-Grid-Arrays. Sichtbar sind die auf der Leiterplatte befindlichen Lotbälle, die passiven Bauelemente, die Cu-Leitbahnen und die Durchkontaktierungen. Der Si-Chip auf der Oberseite ist für die verwendete Röntgenstrahlung transparent.

Aufnahmen: Fraunhofer IKTS, Krüger

EBIC - Electron Beam Induced Current
EBAC - Electron Beam Absorbed Current

Anwendungen EBIC:

- Fehleranalyse in pn-Übergängen
- Auffinden von Dotierfehlern, Durchbrüchen, Verunreinigungen in pn-Übergängen
- Detektion von elektrisch "aktiven" Korngrenzen und Versetzungen

Anwendungen EBAC:

- Nachweis von Fehlern in den Leitbahnen und Kontakten elektronischer Schaltkreise
- Auffinden von Unterbrechungen und Kurzschlüssen
- Auffinden von erhöhten Leitbahn- und Via-Widerständen
- Analyse auch von solchen Leitungsnetzen und Vias, welche unter mehreren Isolations- und Leitungsebenen vergraben sind

Funktionsprinzip:

Für beide Verfahren ist zwingend ein Rasterelektronenmikroskop (↗REM) notwendig. Beim EBIC erzeugen die in die Probe eindringenden Primärelektronen Elektronen-Loch-Paare, wenn sie auf einen Halbleiter treffen. Diese rekombinieren miteinander, wenn sie nicht durch eine externe oder interne Spannung abgesaugt werden. In pn-Übergängen ist aber eine interne Spannung (Diffusionsspannung) vorhanden, welche die Ladungsträger trennt und zu einem Stromfluss führt. Durch eine geeignete Kontaktierung der Probe mittels eines Nanoprobers oder über den Probenhalter können die erzeugten Ströme einem hochempfindlichen Verstärker zugeführt und anschließend als Bildsignal in die Videoeinheit des REMs eingespeist werden. Dies kann anstelle von oder gleichzeitig mit dem normalen Detektorsignal geschehen. Im zweiten Fall sieht man eine Überlagerung des EBIC-Signals mit dem normalen REM-Bild, was eine Fehlerlokalisierung ermöglicht. Das EBAC-Verfahren, gelegentlich auch als RCI (Resistive Contrast Imaging) bezeichnet, arbeitet nach dem gleichen Prinzip, aber mit dem Unterschied, dass hier nur die vom Primärstrahl stammenden Elektronen (vermindert um die Rückstreu- und Sekundärelektronenemission) auf den Metallbahnen gemessen werden.

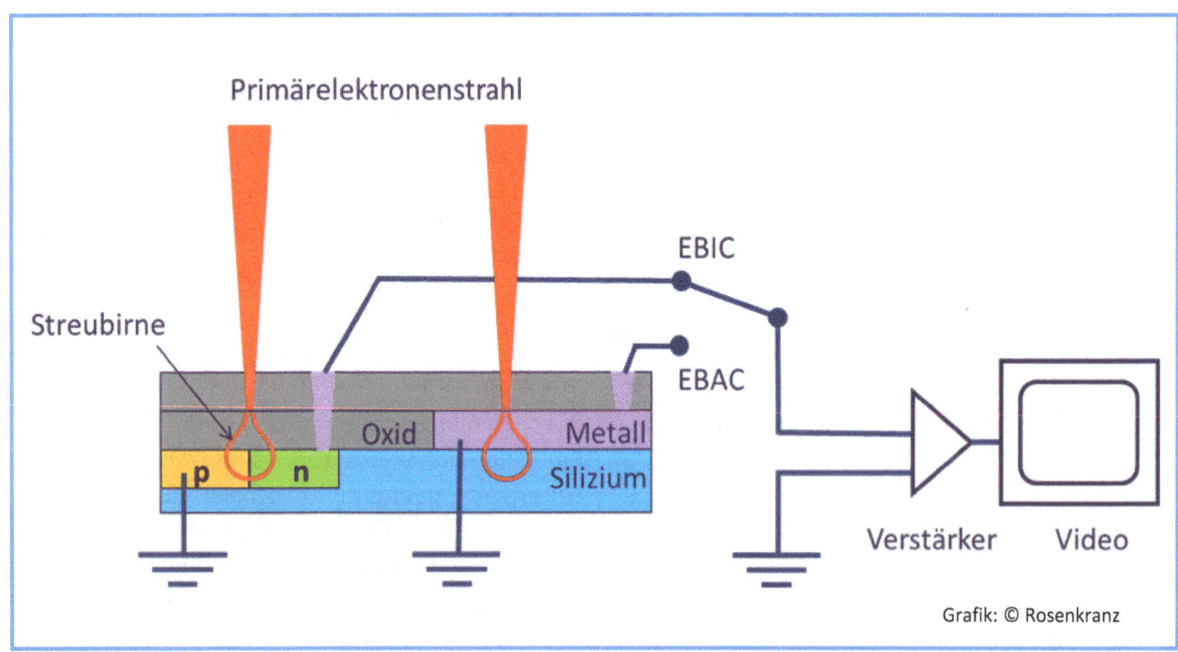

Leistungsprofil und -grenzen:

- REM-Primärspannung mindestens 5 kV
- Ströme bei EBIC bis hinab in den Picoampere-Bereich
- Ströme bei EBAC bis hinab in den Femtoampere-Bereich
- EBAC bis maximal zur vierten Leitbahnebene von oben anwendbar
- Für EBIC dürfen nur wenige µm Material über dem pn-Übergang sein, andernfalls ist eine teilweise Rückpräparation erforderlich (dann keine volle elektrische Funktionalität mehr)

Probenpräparation:

- Schrittweises, oberflächenparalleles Delayering der ICs mittels Nassätzen (Basen und Säuren) und Trockenätzen (Plasmaverfahren) oder CMP (chemisch-mechanisches Polieren)
- In der Halbleiterindustrie Routine, für andere Branchen sehr schwierig

Instrumentierung und Beispiele:

- REM
- Zusätzlicher Eingang am Signalverstärker der Videoeinheit nötig
- Nanoprober mit mindestens einer Spitze
- Hochempfindlicher Stromverstärker erforderlich, welcher Ströme im Femtoampere-Bereich innerhalb von Mikrosekunden messen kann

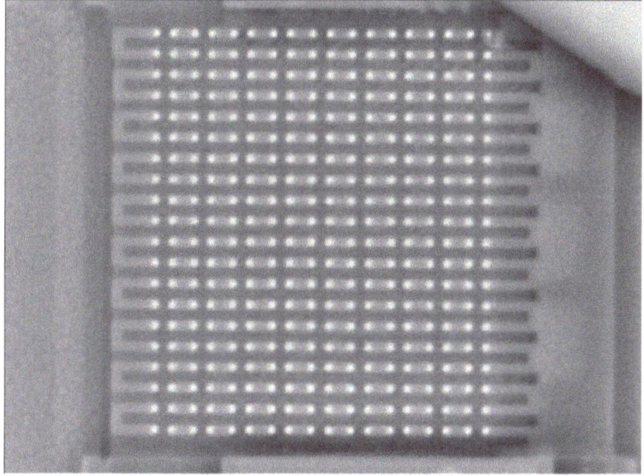

Kontaktkette eines mikroelektronischen Schaltkreises (REM-Aufnahme)

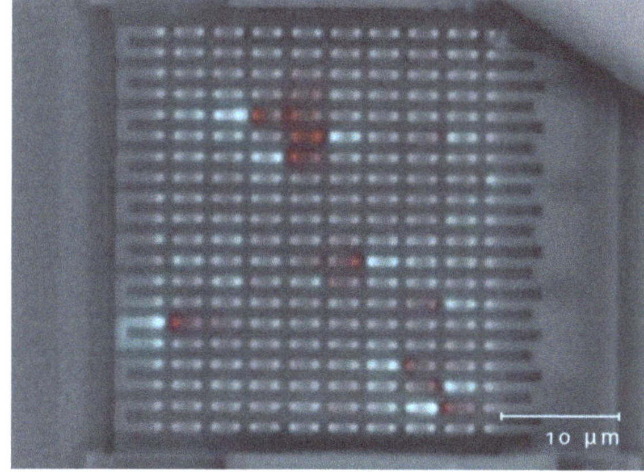

REM-Bild mit überlagerten EBAC-Signal; Sichtbarkeit von Metallbrücken mit erhöhtem Widerstand (rot)

REM-Bild mit überlagertem EBAC-Signal; dabei alle mit der Probernadel verbundenen Metallbahnen sichtbar

Abbildungen: Kleindiek Nanotechnik GmbH, Rummel

OBIRCH - Optical Beam Induced Resistivity Change

Anwendungen:

- Lokalisierung von Fehlern in mikroelektronischen Schaltungen
- Nachweis von hochohmigen Stellen in komplexen Leitbahn-Systemen
- Nachweis von hochohmigen Kontakten in komplexen Leitbahn-Kontakt-Systemen
- Zunehmend auch Fehlerlokalisierung in Transistorstrukturen

Funktionsprinzip:

Diese Methode gehört zu den thermischen Laserstimulationstechniken und wird in der Halbleitertechnik zur Fehlerlokalisierung eingesetzt. An eine Struktur, bestehend aus Leitbahnen oder einer Kombination von Leitbahnen und Kontakten, wird eine konstante elektrische Spannung angelegt und der infolgedessen fließende Strom gemessen. Ein Infrarotlaser mit einer Wellenlänge von typischerweise 1300 nm wird über die Probe gerastert und erwärmt sie dabei lokal. Trifft er auf eine Stelle der zu untersuchenden Struktur, die auf Grund eines Fehlers einen erhöhten Widerstand aufweist, so steigt letzterer an dieser Stelle weiter an, weil der spezifische Widerstand der hier verwendeten Metalle linear mit der Temperatur steigt. Dies hat zur Folge, dass sich der Stromfluss durch die Struktur verringert. Die gemessenen Stromwerte werden mit dem Auftreffort des Lasers korreliert und als Punkte unterschiedlicher Helligkeit und Farbe dem infrarotmikroskopischen Bild der Probe überlagert. Auf diesem Bild ist der Fehlerort gut zu erkennen. Deshalb dient es häufig als Vorlage für eine Querschnittspräparation, z.B. mittels ↗FIB. Anschließend erfolgt eine nähere Inspektion mit dem Rasterelektronenmikroskop (↗REM). Je nach konkreter Aufgabenstellung und elektrischen Eigenschaften der Probe kann es sinnvoll sein, den Strom durch das Leitbahn-Kontakt-System konstant zu halten, die Spannungsänderungen beim Laserscan aufzuzeichnen und mit dem Mikroskopbild zu überlagern. Diese Methode arbeitet mit demselben Aufbau, hat aber den Namen „Temperature Induced Voltage Alteration“ (TIVA). Schließlich lassen sich auch Spannungen aufzeichnen, ohne dass man einen Strom einspeist. Diese Methode beruht auf dem thermoelektrischen Effekt infolge der Temperaturerhöhung an den Berührungsstellen unterschiedlicher Materialien und wird nach dem Entdecker des Effekts „Seebeck Imaging“ (SI) benannt.

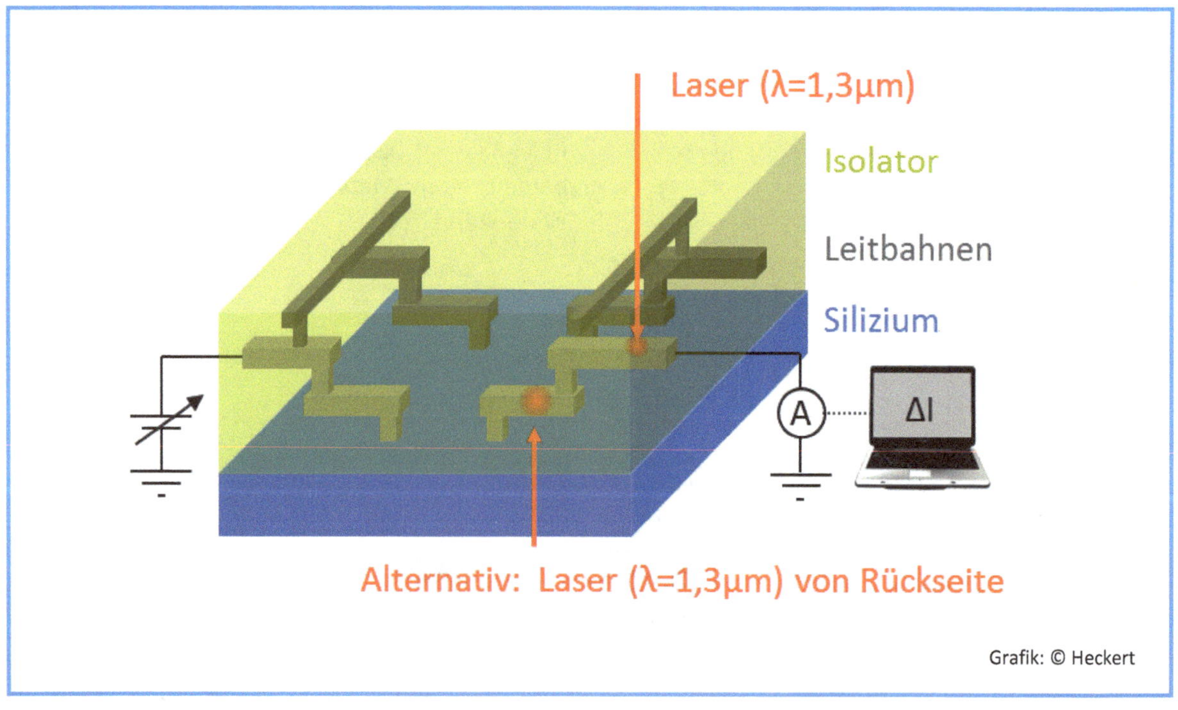

Leistungsprofil und -grenzen:

- Bildauflösung: 0,1 µm
- Genauigkeit der Fehlerlokalisierung: nahe an der Laserwellenlänge von 1,3 µm
- Bildaufnahmezeit: mindestens 1 s, typisch: 10 s
- Bildfeldgröße: 20 mm × 20 mm bis 100 µm × 100 µm
- Lokalisierung von Leitbahnkurzschlüssen und hochohmigen Leitbahnabschnitten oder Kontakten
- Keine kompletten Leitbahn- oder Kontaktunterbrechungen lokalisierbar, da dann kein Stromfluss durch die Struktur zustande kommt
- Proben: Wafer (bis 300 mm), Waferstücke, Packages

Probenpräparation:

- Schrittweises, oberflächenparalleles Delayering der ICs mittels Nassätzen (Basen und Säuren) und Trockenätzen (Plasmaverfahren) oder CMP (chemisch-mechanisches Polieren)
- In Spezialfällen oberflächenparalleles Delayering von der Rückseite des Chips, um volle Funktionalität zu erhalten
- In der Halbleiterindustrie Routine, für andere Branchen sehr schwierig

Instrumentierung und Beispiel:

- Meist als Zusatzoption zu Photoemissionsmikroskopen
- Konfokales IR-Laserscanning-Mikroskop als Herzstück
- Hochempfindlicher, rauscharmer und schneller Verstärker erforderlich
- Oft auch Anschlussmöglichkeit für kompletten Wafertester

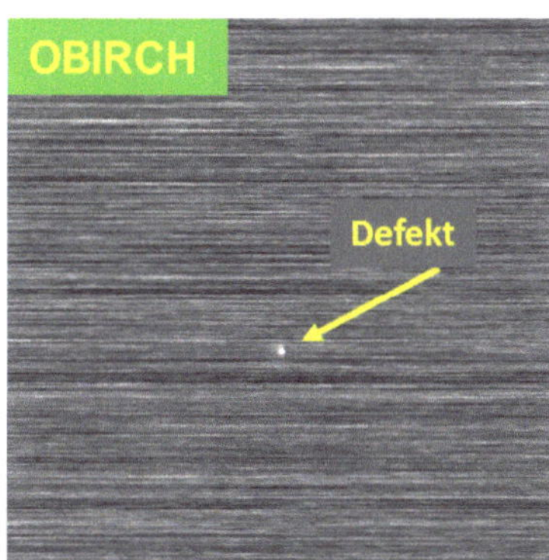

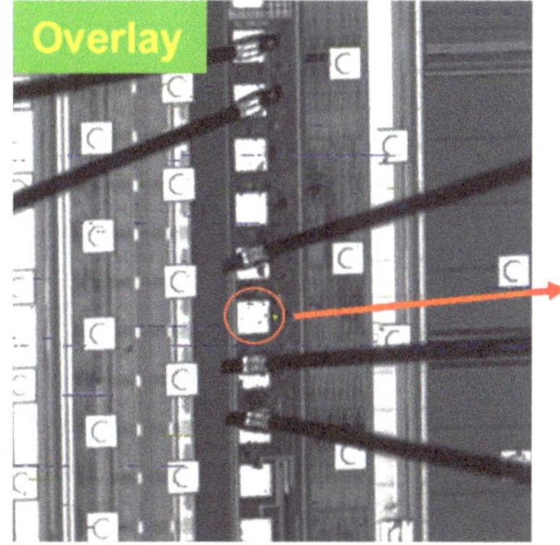

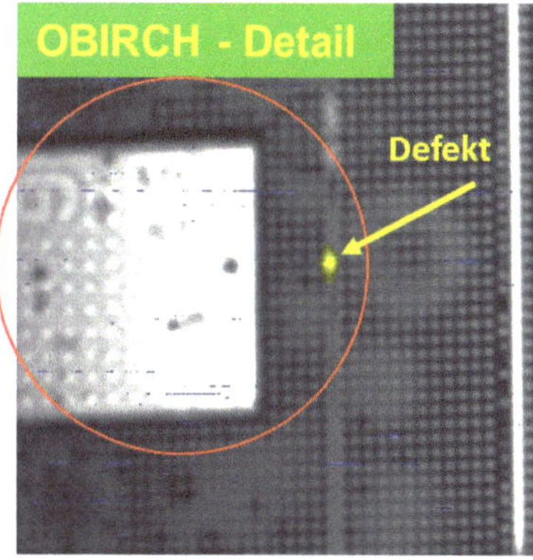

Fehleranalyse in der Halbleiterfertigung: Nachweis eines unter der Chipoberfläche verborgenen Kurzschlusses zwischen zwei Metallbahnen mittels OBIRCH

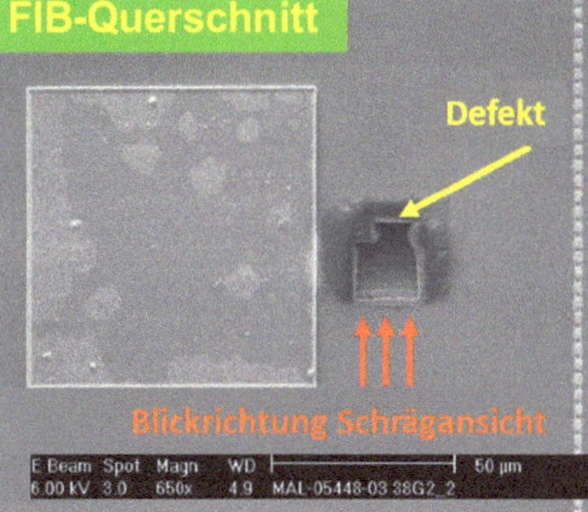

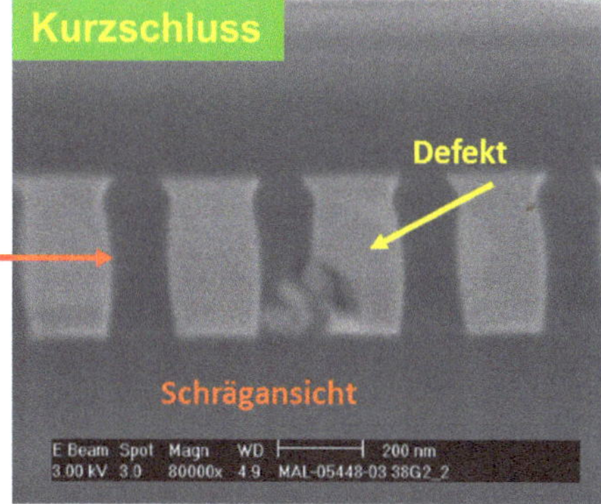

Aufnahmen: GlobalFoundries Dresden, Langer

Anwendungen:

- Defektinspektion in der Halbleiterindustrie
- Lokalisierung von Chipstrukturen mit elektrischen Fehlfunktionen (Kurzschlüsse, Leitbahnunterbrechungen, offene Kontakte, Kontakte mit zu hohem Widerstand)
- Inspektion von Masken in der EUV-Lithographie
- Hauptsächlich angewendet bei Speicherprodukten (DRAM, SRAM, Flash)
- Gelegentlich angewendet bei Logikprodukten und TSVs (Through Silicon Vias)

Funktionsprinzip:

Ein EBI-Gerät ist ein modifiziertes Inline-Rasterelektronenmikroskop ↗REM. Zur Lokalisierung von Defekten macht man sich das Prinzip des Potenzialkontrastes (↗VC) zunutze. Dabei werden solche Defekte detektiert, die elektrische Fehlfunktionen unterschiedlicher Art aufweisen. An den Chuck, auf welchem der Wafer liegt, kann eine elektrische Spannung U_{CHUCK} angelegt werden. Unter der Endlinse der Elektronenoptik befindet sich die sogenannte Charge Collecting Plate (CCP), an welche ebenfalls eine Spannung angelegt werden kann (U_{CCP}). Diese Spannungen können in einem weiten Bereich variiert und sowohl positiv als auch negativ sein. Damit gelingt es einerseits, die Landeenergie der Primärelektronen nachträglich zu verändern und andererseits, ein elektrisches Feld zwischen CCP und Wafer aufzubauen, welches nur Sekundärelektronen bis zu einer bestimmten Energie oder ab einer bestimmten Energie zum Detektor passieren lässt. Je nach Produkt und elektrischen Eigenschaften der betreffenden Strukturen können positive oder negative Kontraste zwischen Defekt und Umgebung verstärkt und im Bild sichtbar gemacht werden.

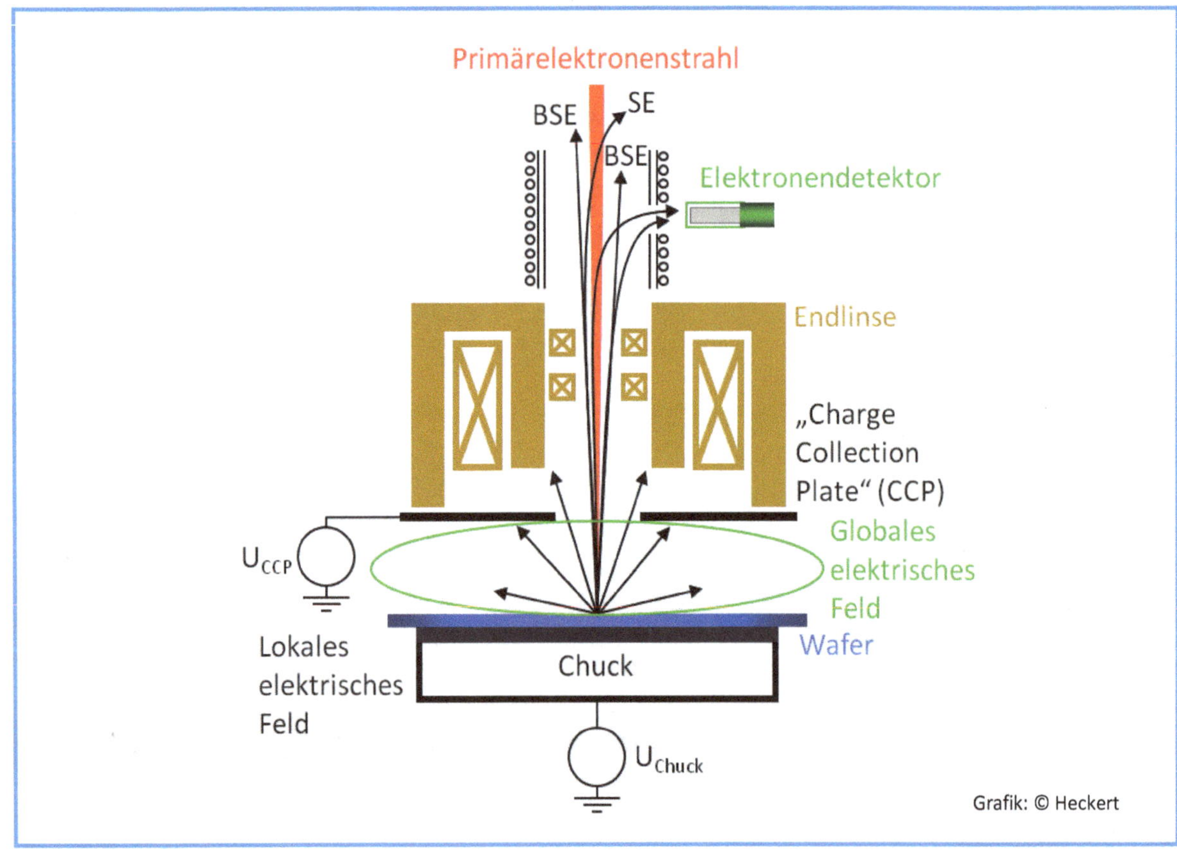

Grafik: © Heckert

Leistungsprofil und -grenzen:

- Defekte auf Wafern bis hinab zu 3 nm Größe nachweisbar
- Defekte in EUV-Photomasken ab einer Größe von 20 nm nachweisbar
- Defekte in EUV-Photoresist ab einer Größe von 10 nm nachweisbar
- Begrenzter Durchsatz (Beispiel: 300 mm Wafer, 46 nm-Technologie, SRAM, 20-%-Sampling: 8 Stdn.)

Probenpräparation:

- Keine (Wafer werden aus dem laufenden Herstellungsprozess entnommen)
- Weiterverarbeitung der Wafer nach der Inspektion möglich

Instrumentierung und Beispiele:

- Komponenten wie ein typisches ↗REM, aber komplett reinraumtauglich
- Zur Minimierung des Durchsatzproblems Multibeam-REMs in Entwicklung (mit bis zu 63 einzelnen Primärstrahlen, dadurch parallele Verarbeitung benachbarter Waferbereiche möglich)

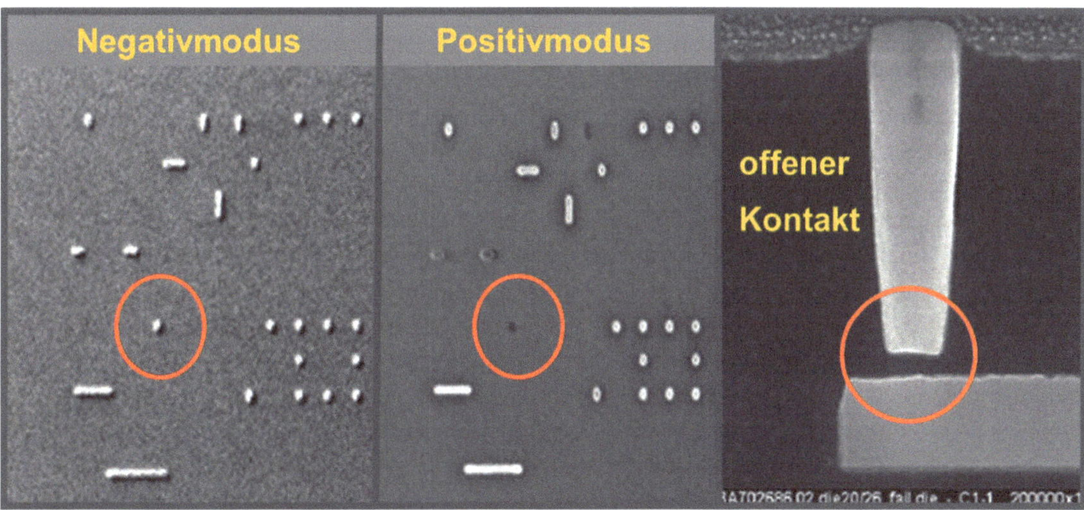

Offener Kontakt, nur im Positivmodus nachweisbar

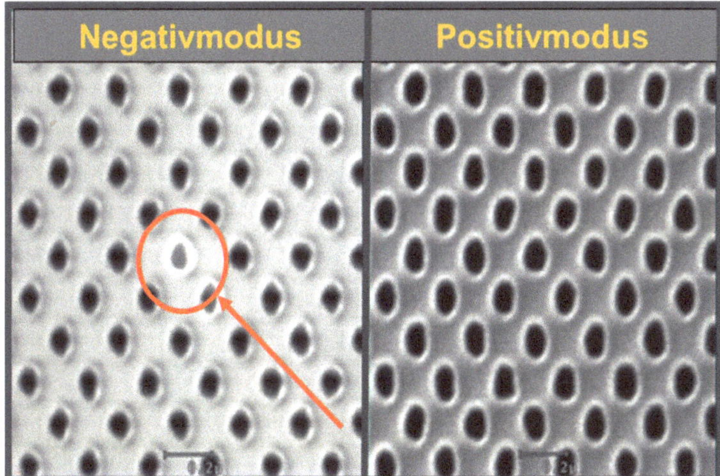

Löcher für Deep-Trench-Kondensatoren eines DRAM-Produkts, Leckpfad ins Substrat nur im Negativmodus nachweisbar

Bilder:
J. Mater. Sci: Mater. Electron (2011)22, p. 1523-1535, Rosenkranz

VC - Potenzialkontrast

VC - Voltage Contrast

Anwendung:

- Lokalisierung von elektrischen Fehlern auf mikroelektronischen Schaltkreisen

Funktionsprinzip:

Für das Verfahren ist ein ↗REM oder besser ein ↗FIB erforderlich. Der Primärstrahl transportiert einerseits elektrische Ladungen auf die Probenoberfläche. Durch vielfältige Wechselwirkungen mit der Probe werden andererseits auch wieder geladene Teilchen von der Probe emittiert. Im ↗REM sind dies Sekundär- und Rückstreuelektronen, im ↗FIB Sekundärelektronen und rückgestreute Ionen. Meistens ist die Ladungsbilanz nicht ausgeglichen. Eine Aufladung der Probe findet aber meist nicht statt, weil alle Ladungen von der leitfähigen Probenoberfläche über den Probenhalter zur Masse abfließen können. Hat man aber auf der Oberfläche leitfähige Strukturen, die von isolierendem Material umgeben sind, kann man sich diese Aufladungserscheinungen zunutze machen. So finden sich zum Beispiel auf teilweise rückpräparierten mikroelektronischen Schaltkreisen oft Leitbahnabschnitte, die keine Verbindung mehr zum restlichen Leitungsnetz haben und isoliert im umgebenden Oxid eingebettet sind. Diese können sich auf einige Volt aufladen. Handelt es sich um eine positive Aufladung der Spannung U, werden alle Sekundärelektronen mit $E \leq e \cdot U$ am Verlassen der Probenoberfläche gehindert und gelangen somit nicht bis zum Detektor. Solche Leitbahnen erscheinen im Bild deutlich dunkler als ihre nicht geladenen Nachbarn. Zeigt nun eine Leitbahn einen solchen Potenzialkontrast, obwohl sie laut Schaltungsentwurf eine Verbindung zum restlichen Leitungsnetz haben müsste, so ist dies ein Hinweis auf einen elektrischen Fehler infolge einer Leitungsunterbrechung. Aber auch Fehler in Form von Kurzschlüssen sind immer dann nachweisbar, wenn eine Leitbahn laut Schaltungsentwurf in der freigelegten Ebene keine Verbindung zum restlichen Leitungsnetz haben dürfte, aber nicht dunkel erscheint, weil die Ladungen über einen ungewollten Leckpfad abfließen können. Ist eine Leitbahn mit anderen Strukturen infolge eines Fehlers zwar noch verbunden, aber mit deutlich höherem Widerstand als vorgesehen, kann man dies mit dem oben beschriebenen passiven Potenzialkontrast nicht nachweisen. Legt man jedoch eine externe Spannung über einen Nanoprober im Gerät an solche Strukturen, so erzeugt der Stromfluss über die hochohmige Kontaktstelle einen Potenzialsprung, welcher im Bild als Grauwertsprung wahrnehmbar ist (aktiver Potenzialkontrast). Von Vorteil ist der Betrieb des Verfahrens im ↗FIB, da man Leitbahnunterbrechungen oder -kurzschlüsse erzeugen kann, um den Potenzialkontrast gezielt zu beeinflussen.

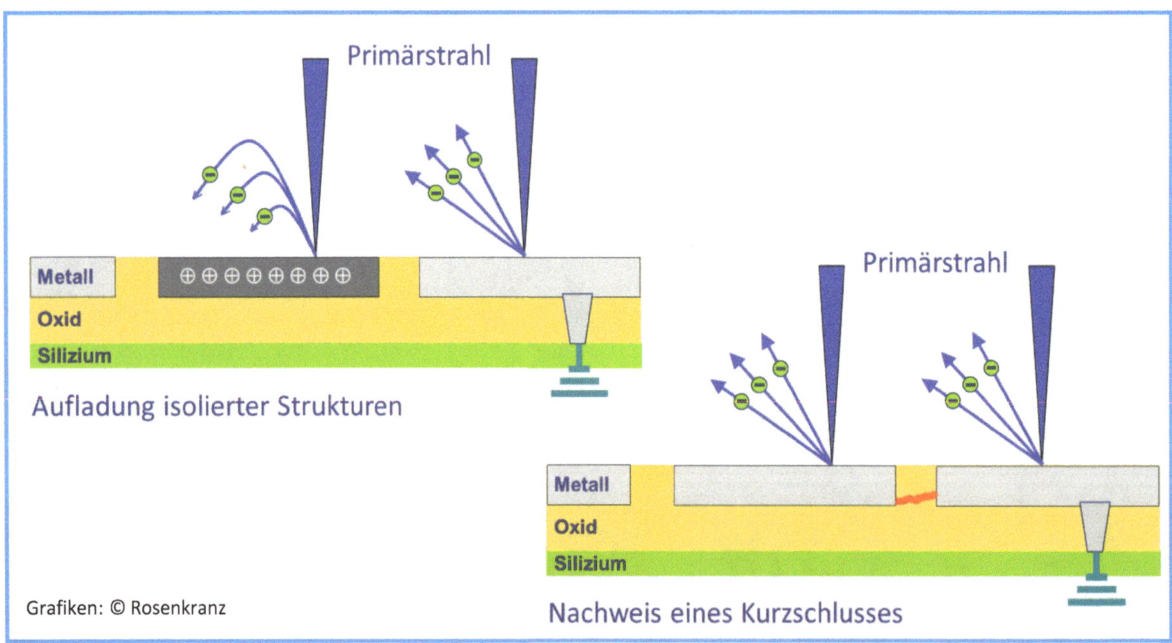

Grafiken: © Rosenkranz

Leistungsprofil und -grenzen:

- Leitbahnunterbrechungen mit R ≥ 1 GΩ mit passivem Potenzialkontrast nachweisbar
- Leitbahnunterbrechungen mit Widerständen größer als das Zehnfache des nominellen Widerstands mit aktivem Potenzialkontrast nachweisbar
- Nachweis von Kurzschlüssen, wenn einer der Partner laut Schaltungsdesign isoliert vorliegt
- Gezielte Isolierung oder Erdung von Leitbahnen mittels ↗FIB

Probenpräparation:

- Schrittweises, oberflächenparalleles Delayering der ICs mittels Nassätzen (Basen und Säuren) und Trockenätzen (Plasmaverfahren) oder CMP (chemisch-mechanisches Polieren)
- In der Halbleiterindustrie Routine, für andere Branchen sehr schwierig

Instrumentierung und Beispiele:

- Im Rasterelektronenmikroskop (↗REM) oder ↗FIB anwendbar
- In-situ-Nanoprober und eine variable Spannungsversorgung erforderlich (für aktiven Potenzialkontrast)

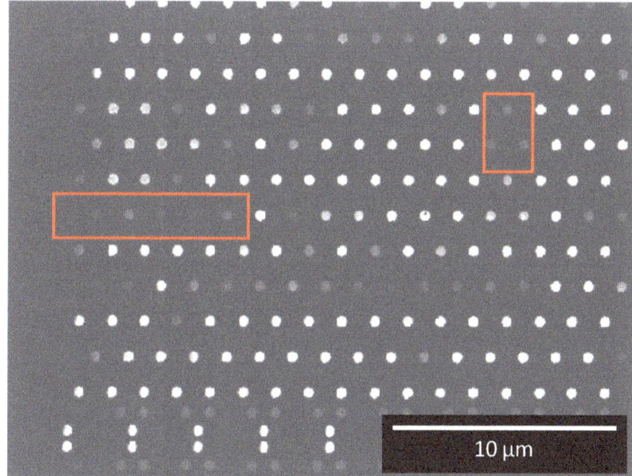

Nachweis offener Kontakte in einem DRAM

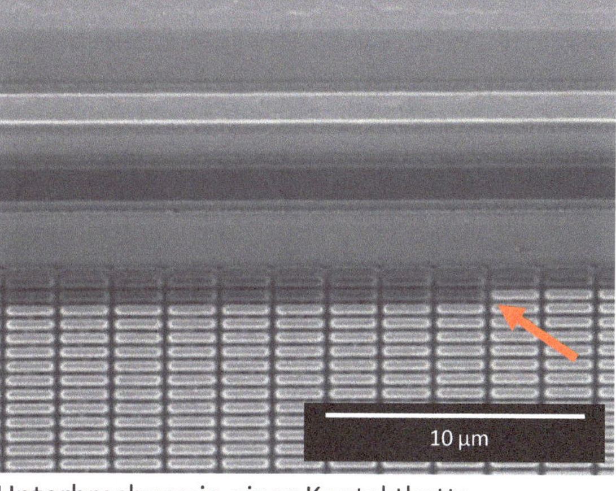

Unterbrechung in einer Kontaktkette

Aktiver Potenzialkontrast, +5V an einer Leitbahn mittels Nanoprober

Aufnahmen: Rosenkranz

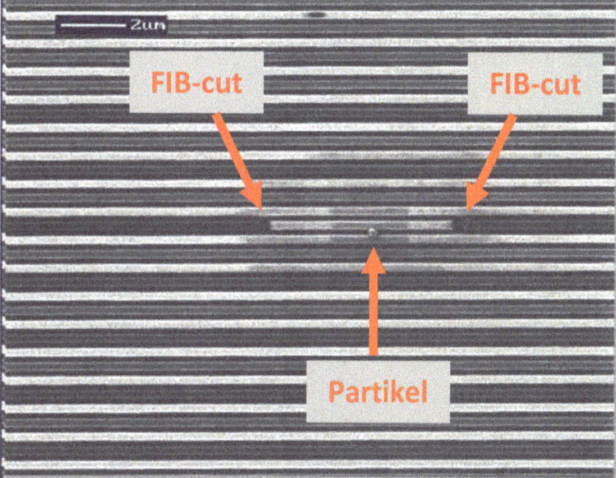

Mit ↗FIB isolierter Leitbahnabschnitt erscheint hell, weil ein Partikel einen Kurzschluss zur geerdeten Nachbarleitung verursacht.

LAUE-Verfahren
LAUE Method

Anwendungen:

- Kristallstrukturanalyse (ggf. mit mehreren Aufnahmen) und Proteinkristallographie
- Realstrukturanalyse (qualitativ Spannungen sowie Defektdichte über die Form der Spots)
- Bestimmung der kristallographischen Orientierung, Kristallsymmetrien, Zonenachsen usw.
- Verfolgung dynamischer Prozesse, z.B. dynamische Änderungen der Proteinstruktur

Funktionsprinzip:

Die Methode ist historisch gesehen das älteste Röntgenbeugungsverfahren und beruht auf der von M. v. LAUE (Nobelpreis 1914), W. FRIEDRICH und P. KNIPPING 1912 entdeckten Röntgenbeugung an Kristallen. Zunächst glaubte man an einen Effekt der Fluoreszenz- und nicht der Bremsstrahlung, so dass (bei längerer Belichtung und besserer Gerätetechnik) zu diesem Zeitpunkt ggf. Kosselinterferenzen hätten abgebildet werden können. Diese wurden aber erst 1934 durch W. KOSSEL entdeckt (vgl. ↗KT).

Beim LAUE-Verfahren wird die feststehende, einkristalline Probe mit polychromatischer Röntgenstrahlung (Bremsstrahlung) bestrahlt. Von jeder Netzebenenschar wird jene Wellenlänge selektiert und gebeugt, welche die Bragg'sche Gleichung erfüllt. Die gebeugten Strahlen erzeugen auf dem Detektor punktförmige Reflexe (LAUE-Spots). Infolge des Wellenlängenkontinuums ist es aufwendig, die jeweilige gebeugte Wellenlänge einem ganz bestimmten Spot zuzuordnen (Indizierungsproblem). Die Datenverarbeitung erfolgt deshalb (ggf. nach der Digitalisierung der Aufnahme) meist mit Hilfe von Computerprogrammen über ein iteratives Verfahren.

Aus dem „LAUE-Diagramm" kann man sehr schnell die Kristallsymmetrien erkennen. Zur Bestimmung der Kristallorientierung ist die LAUE-Methode ebenfalls sehr gut geeignet.

Das Verfahren kommt ohne Strahl- und Probenbewegungen aus und ist damit sehr schnell durchführbar. Aus diesem Grund lassen sich auch dynamische Kristallvorgänge abbilden.

Die LAUE-Methode kann in Transmissions- oder Rückstrahlrichtung betrieben werden (s. Bild unten).

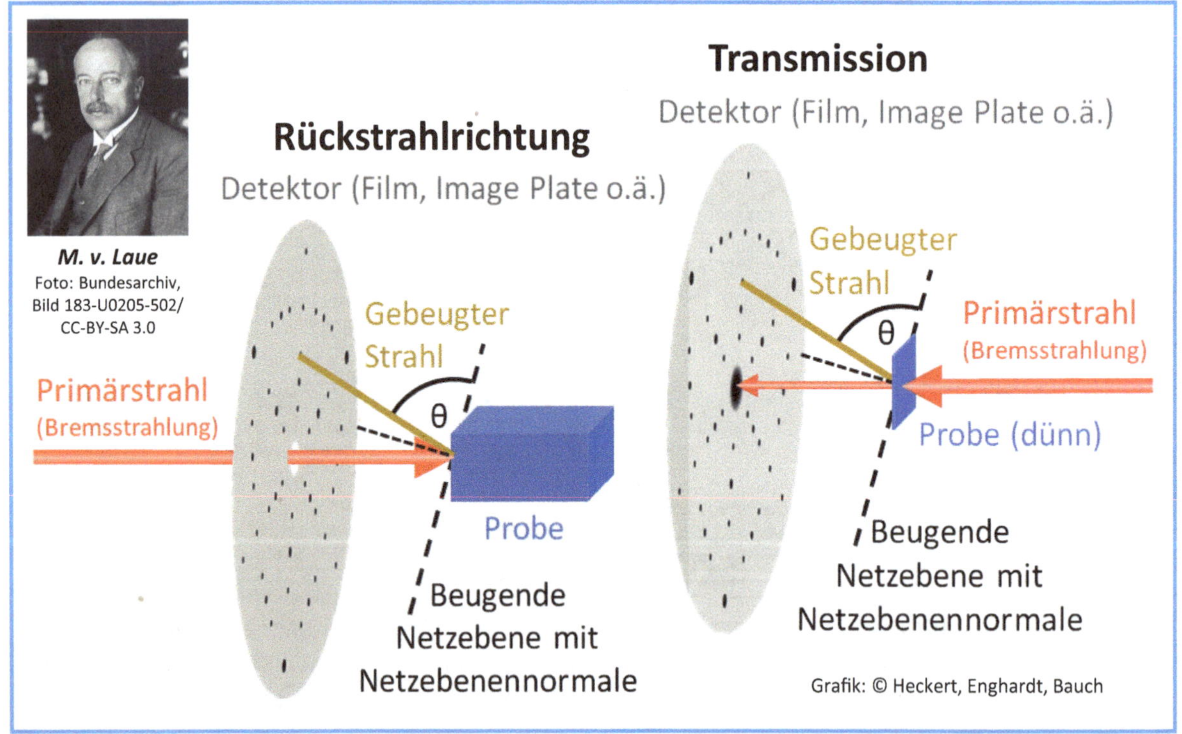

M. v. Laue
Foto: Bundesarchiv, Bild 183-U0205-502/ CC-BY-SA 3.0

Grafik: © Heckert, Enghardt, Bauch

Leistungsprofil und -grenzen:

- Orientierungsbestimmung an Einkristallen $\Delta\alpha \approx \pm 1°$, bei Missorientierung genauer (Die Genauigkeit hängt stark von der Messunsicherheit bei der Einstellung der Probenbezugsrichtungen relativ zum auftreffenden Röntgenstrahl und der Erfassung der Schwerpunkte der LAUE-Spots auf dem Detektor ab.)
- Abweichungen von der runden Form der Spots lassen visuell Realstrukturaussagen zu (Zug- oder Druckspannung, Defektdichte).
- Hoher Reflexkontrast, da Bremsstrahlungsbeugung

Probenpräparation:

- Einfach (frei von störenden Deck- und Bearbeitungsschichten)

Instrumentierung und Beispiele:

- Detektoren: Röntgenfilm und Image Plate (großformatige Aufnahmen) sowie Festkörperdetektoren

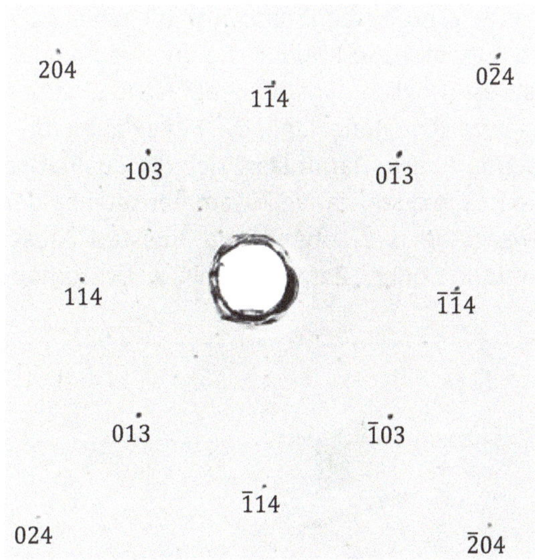

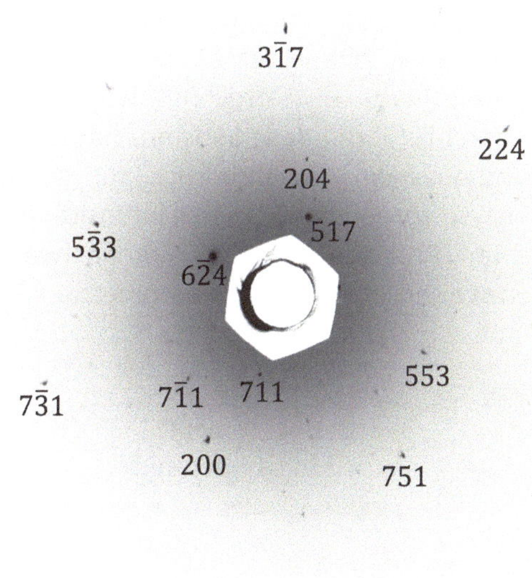

LAUE-Aufnahmen von Wolfram in Rückstrahlrichtung (links) und CuMn4 (rechts) auf Röntgenfilm (Die intensivsten LAUE-Spots sind hier mit den niedrigsten der jeweils zur Intensität beitragenden LAUE-Indizes bezeichnet worden. Der Probe-Film-Abstand betrug jeweils 40 mm, die Beschleunigungsspannung 35 kV.)

Aufnahmen: Enghardt, Bauch

XRD - Röntgenvielkristalldiffraktometrie

XRD - X-ray Diffraction

Anwendungen:

- Kristallstrukturanalyse
- Qualitative und quantitative Phasenanalyse von Probenbereichen („Fingerprint")
- Gitterkonstantenbestimmung, Texturanalyse
- Dehnungs- und Eigenspannungsbestimmung I. Art (Kenntnis der elastischen Konstanten notw.)
- Korn- und Teilchengrößenabschätzung
- Spezialanwendungen: z.B. In-situ-Beobachtung von Phasenumwandlungen mittels Hoch- und Tieftemperaturzusätzen (optional zu vielen Geräten verfügbar)

Funktionsprinzip:

Die 1912 von M. v. LAUE (Nobelpreis 1914), W. FRIEDRICH und P. KNIPPING entdeckte Röntgenbeugung an Kristallen wird in einem Diffraktometer technisch umgesetzt. Dabei wird ein mittels Blenden geformter, monochromatischer Röntgenstrahl auf das Untersuchungsgebiet der Probe gerichtet. Die gemäß der Bragg'schen Gleichung an den interferenzfähigen Netzebenen der Kristallite gebeugte Strahlung wird vom Detektor registriert. Werden bei bekannter Wellenlänge λ die Winkel Θ (bzw. 2Θ) gemessen, bei denen die Reflexe auftreten, so können die entsprechenden Netzebenenabstände d_{hkl} errechnet werden. Damit ist es möglich, kristallographische Phasenanalysen durchzuführen. Jede Substanz hat eine ihr eigene typische Reflexlage. Die Reflexlagen (d_{hkl}-Werte) sind quasi ein „Fingerabdruck" für die entsprechende Phase. Damit lässt sich die qualitative Phasenanalyse vornehmen. Aus der Intensität der Reflexe ist die quantitative Zusammensetzung der untersuchten Probenstellen bestimmbar (weitere Anwendungen s. oben). Die meisten Messaufbauten weisen eine Reflexionsgeometrie („Bragg-Brentano" oder „Parallelstrahl", s. Instrumentierung) auf.

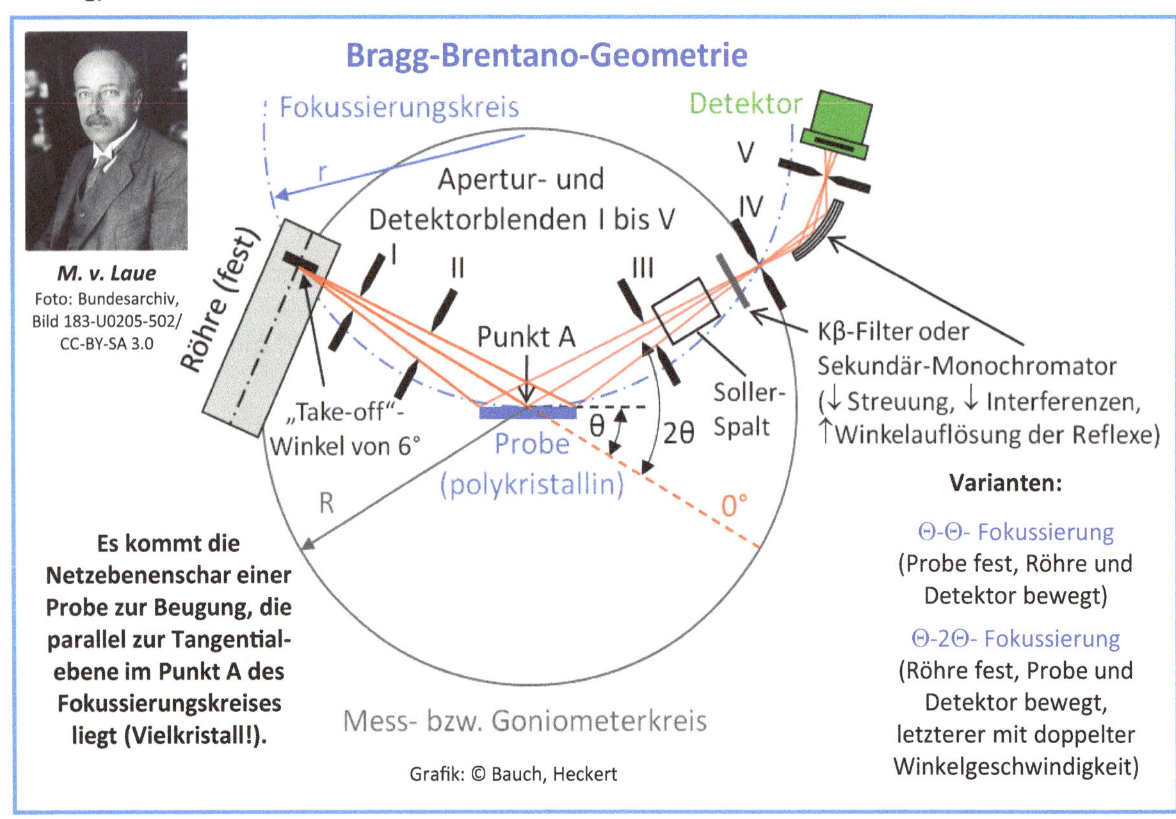

Leistungsprofil und -grenzen:

- Relativer Fehler: Gitterkonstanten typisch $\Delta a/a \approx 10^{-3}$ bis 10^{-4}, in Spezialfällen: bis $5 \cdot 10^{-5}$
- Absolute Fehler: Dehnungen $|\Delta\varepsilon| \approx 3 \cdot 10^{-4}$, mittlere Spannungen im Gefüge $|\Delta\sigma| \approx 50$ MPa
- Abweichungen von der kubischen Symmetrie c/a = 1,01 bis 1,02
- Ortsauflösung bis ca. 30 µm (abhängig von der Primäroptik)
- Abschätzung des kristallinen und amorphen Anteils des untersuchten Probenvolumens
- Nachweisgrenze ca. 1 Vol.-% für kristalline Anteile, bei Reflexüberlagerungen schlechter
- Substanzbeschränkung: Elemente in der Probe, die durch die Primärstrahlung zur Fluoreszenz angeregt werden, produzieren hohen Untergrund (typisches Beispiel: Fe bei Cu-Anode).

Probenpräparation:

- Einfach (frei von störenden Deck- und Bearbeitungsschichten), Probengröße durch Messsystem vorgegeben und Fixierung der Probe bei bestimmten Gerätetypen notwendig

Instrumentierung und Beispiel:

- Detektoren: Proportionalzählrohr, Szintillationszähler (0-D), Lineardetektoren (1-D), elektronische Flächendetektoren und Image Plates (2-D), energiedispersive Detektoren
- Als Bragg-Brentano-Geometrien werden Anordnungen bezeichnet, bei denen der primärseitige und der sekundärseitige Fokuspunkt symmetrisch um den Messpunkt auf den Goniometerarmen angeordnet sind. Dadurch ergibt sich eine geometrische Fokussierung der divergenten Primärstrahlung, die als Θ-Θ- oder Θ-2Θ-Fokussierung (Probe fest bzw. Röntgenröhre fest) ausgeführt sein kann. Ein weiterer Grundtyp verwendet parallelisierte Primärstrahlung. Bragg-Brentano-Anordnungen ermöglichen durch den Aufbau mit Spaltblenden relativ schnelle Messungen mit hoher Winkelauflösung. Zur Auswertung stehen umfangreiche Softwarelösungen bis hin zur Rietveld-Verfeinerung zur Verfügung. Nachteilig sind der relativ große beleuchtete Probenbereich und die Empfindlichkeit bei zu großer Probenrauheit. In diesem Bereich sind die Vorteile der Parallelstrahlanordnungen, insbesondere mit Flächendetektor (Kürzel XRD^2), offensichtlich. Durch den parallelisierten Primärstrahl entfällt die Anfälligkeit bei rauen Proben und asymmetrische Konstellationen werden besser unterstützt. Für Präzisionsmessungen steht, z.B. zur Charakterisierung epitaktischer Schichten, die Hochauflösungs-Diffraktometrie (HRXRD) zur Verfügung (Winkelauflösung mind. $\Delta\omega$ = 0,001°). In der Regel kommt dabei die Anfertigung von Rockingkurven und reziproken Gitterkarten („Reciprocal Space Mappings“) zum Einsatz.

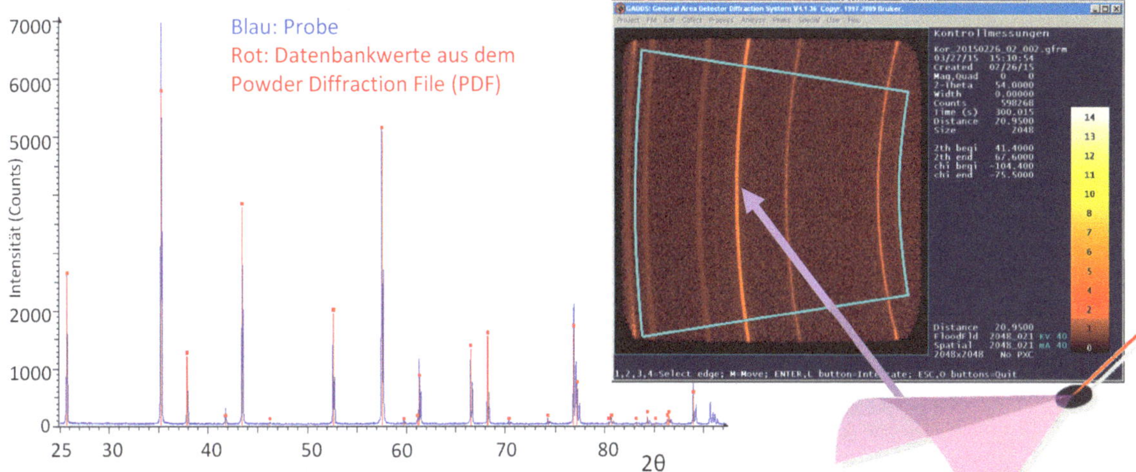

Diffraktogramm I=f(2θ) von Korund, gewonnen aus dem Integrationsbereich der Debye-Scherrer-Ringe (Bild rechts, blauer Rahmen) mit der Software GADDS der Fa. Bruker AXS GmbH (Parallelstrahlgeometrie)

KT - KOSSEL-Technik KOSSEL Technique
PKT - Pseudo-KOSSEL-Technik Pseudo KOSSEL Technique

Anwendungen:

- Präzisions-Gitterkonstantenbestimmung
- Präzisionsbestimmung einzelner Netzebenenabstände (Eigenspannungsanalyse III. Art)
- Präzisionsbestimmung der kristallographischen Orientierung
- Bestimmung von Symmetrieerniedrigungen (tetragonale oder orthorhombische Verzerrungen)
- Versetzungsdichteabschätzung
- Phasenidentifizierung im Mikrobereich (anhand der Linientopologie lokale qualitative Analyse)
- Unterscheidung von A- und B-Seiten nichtzentrosymmetrischer Gitter („Seitenidentifizierung" z.B. an GaP-Halbleitern, Phaseninformation der Intensität)
- Spezialanwendungen: z.B. In-situ-Beobachtung von Phasenumwandlungen (Heiztisch)

Funktionsprinzip:

Das Verfahren basiert auf dem 1934 von W. KOSSEL entdeckten gleichnamigen Effekt. Dabei trifft ein fein fokussierter Elektronenstrahl (∅ typ. 10 µm) bzw. ausgeblendeter Röntgenstrahl (∅ < 100 µm) auf ein einkristallines Probengebiet und erzeugt dort innerhalb des Wechselwirkungsvolumens (Anregungsbirne) charakteristische Röntgen- bzw. Fluoreszenzstrahlung (BORRMANN 1936). Im Falle der Röntgenstrahlanregung ist wegen der höheren Intensitäten Synchrotronstrahlung empfehlenswert. Bei Verwendung polychromatischer („weißer") Synchrotronstrahlung besteht hierbei die Möglichkeit, KOSSEL- und LAUE-Interferenzen (vgl. ↗LAUE) gemeinsam kontrastreich abzubilden. Teile der charakteristischen Strahlung und der gesamten Bremsstrahlung bei Elektronenanregung bzw. der Fluoreszenz- und Streustrahlung bei Röntgenanregung verlassen den Kristall ungebeugt und rufen eine (unerwünschte) Detektorschwärzung hervor. Nur ein geringer Anteil der charakteristischen Röntgenstrahlung wird, falls das Untersuchungsgebiet einkristallin vorliegt (z.B. Korn einer polykristallinen Probe), an den interferenzfähigen Netzebenen gemäß der Bragg'schen Gleichung gebeugt. Diese sogenannten Gitterquelleninterferenzen liegen auf geraden Kreiskegeln mit dem halben Öffnungswinkel 90°-Θ und erzeugen auf einem in Rückstrahlrichtung angeordneten Detektorsystem die sogenannten KOSSEL-Linien, die geometrisch (bei ebenem Detektor) Kurven 2. Ordnung darstellen. Die Verwendung einer Antikatode führt zu Kurven 4. Ordnung (PKT).

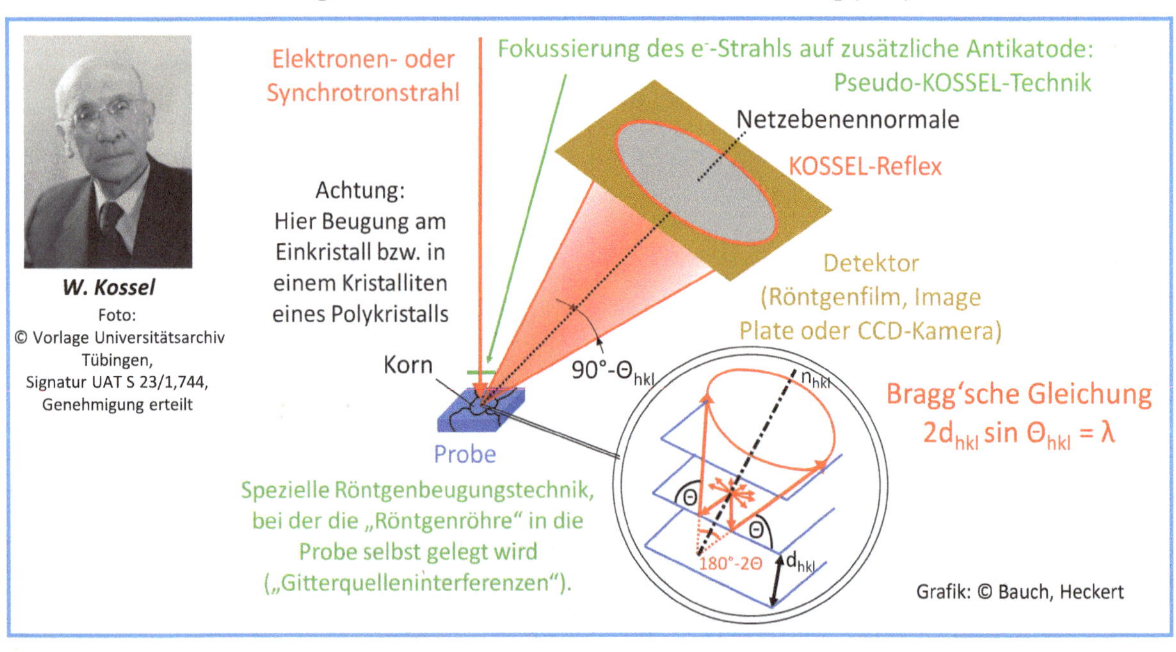

Leistungsprofil und -grenzen:

- Relativer Fehler: Gitterkonstanten $\Delta a/a \approx 3 \cdot 10^{-5}$, in Spezialfällen: bis $3 \cdot 10^{-6}$ (reflexabhängig)
- Absolute Fehler: Dehnungen $|\Delta\varepsilon| \approx 10^{-5}$, Spannungen im Einzelkorn $|\Delta\sigma| \approx 10$ MPa (reflexabhg.)
- Orientierung $\Delta\alpha \approx \pm 0{,}1°$, bei Missorientierung $\Delta\alpha \approx \pm 0{,}01°$ (reflexabhängig)
- Abweichungen von der kubischen Symmetrie c/a = 1,001 bis 1,002 (reflexabhängig)
- Versetzungsdichteabschätzung im Bereich 10^7 bis 10^{10} cm^{-2}
- Ortsauflösung 1 µm bei Elektronen- und derzeit ca. 100 µm bei Synchrotronstrahlanregung
- Bei Elektronenstrahlanregung schwacher Linienkontrast, da hoher Bremsstrahlungsuntergrund
- Substanzbeschränkung bei Standard-KT: keine Elemente mit Z ≤ 14 (Eigenstrahlung zu langwellig für die Interferenz mit dem Kristallgitter), Beschränkung entfällt bei PKT (Wellenlängenanpassung über das Material der Antikatode, s. Funktionsprinzip)

Probenpräparation:

- Einfach (frei von störenden Deck- und Bearbeitungsschichten)

Instrumentierung und Beispiel:

- Detektoren: Röntgenfilm und Image Plate (großformatige Aufnahmen) sowie CCD-Kamera (kleinformatige Aufnahmen) und andere geeignete elektronische Flächendetektoren

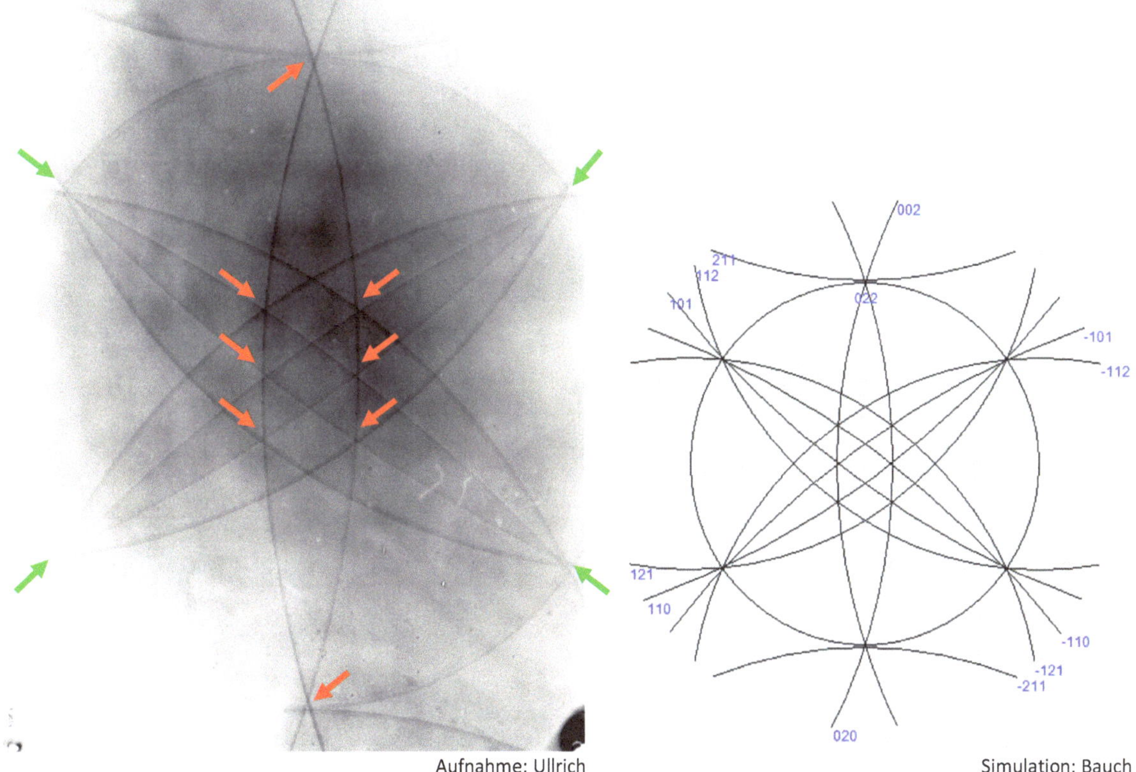

Aufnahme: Ullrich

KOSSEL-Aufnahme einer FeAl12-Probe (Fe-Kα-Strahlung) am [011]-Pol mit Abweichungen von der kubischen Symmetrie und eingezeichneten aufgelösten Mehrfachschnitten (Elektronenstrahlanregung)

Simulation: Bauch

Computersimulation und Reflexindizierung der linken KOSSEL-Aufnahme (Fe-Kα-Strahlung) ohne Abweichungen von der kubischen Symmetrie

RDS - Röntgen-Drehschwenk-Technik

XRRT - X-ray Rotation Tilt Technique

Anwendungen:

- Präzisions-Gitterkonstantenbestimmung
- Präzisionsbestimmung der Dehnung (Eigenspannungsanalyse)
- Präzisionsbestimmung der kristallographischen Orientierung
- Bestimmung von Symmetrieerniedrigungen, tetragonalen oder orthorhombischen Verzerrungen
- Versetzungsdichteabschätzung

Funktionsprinzip:

Die RDS-Technik geht auf eine Idee von H.-J. ULLRICH und W. GREINER aus dem Jahre 1977 zurück und wurde von J. BAUCH weiterentwickelt. Sie nutzt die physikalische Gesetzmäßigkeit aus, dass zwischen jedem auf eine interferenzfähige Netzebenenschar {hkl} mit dem Netzebenenabstand d_{hkl} treffenden monochromatischen Röntgenstrahl mit der Wellenlänge λ und der Netzebenenschar selbst ein Winkel Θ_{hkl} existiert, der die Bragg'sche Gleichung erfüllt und daher zu einer Interferenz führt. Dies gilt für sämtliche Winkel α, die von einer beliebig in die Netzebene hineingelegten Achse und der durch senkrechte Projektion des Röntgenstrahls in die Netzebene erhaltenen Spurgeraden des Strahls aufgespannt werden (s. Bild). Die Erfüllung der Interferenzbedingung für eine mögliche Einfallsposition des Röntgenstrahls liefert einen reflektierten Strahl, der beim "Durchstoßen" einer oberhalb der Netzebenenschar angeordneten Detektorebene einen Reflexpunkt P_1 erzeugt. Ein Durchfahren des gesamten Winkelbereiches $0° \leq \alpha \leq 360°$ ergibt eine Aneinanderreihung von Durchstoßpunkten (Reflexpunkten P_i), die in ihrer Gesamtheit eine geschlossene Beugungslinie darstellen. Die von dieser Linie eingehüllte Ebene ist die Basisfläche eines Kegels, dessen Mantelfläche durch die Summe der Positionen des einfallenden bzw. reflektierenden Röntgenstrahls gebildet wird, dessen Spitze auf der beugenden Netzebenenschar liegt und dessen halber Öffnungswinkel $90° - \Theta_{hkl}$ beträgt. Für den Sonderfall, dass die beugende Netzebenenschar und die Filmebene parallel stehen, beschreibt die Beugungslinie einen Kreis. In allen anderen Fällen entstehen unter der Voraussetzung eines ebenen Detektors Kegelschnittlinien.

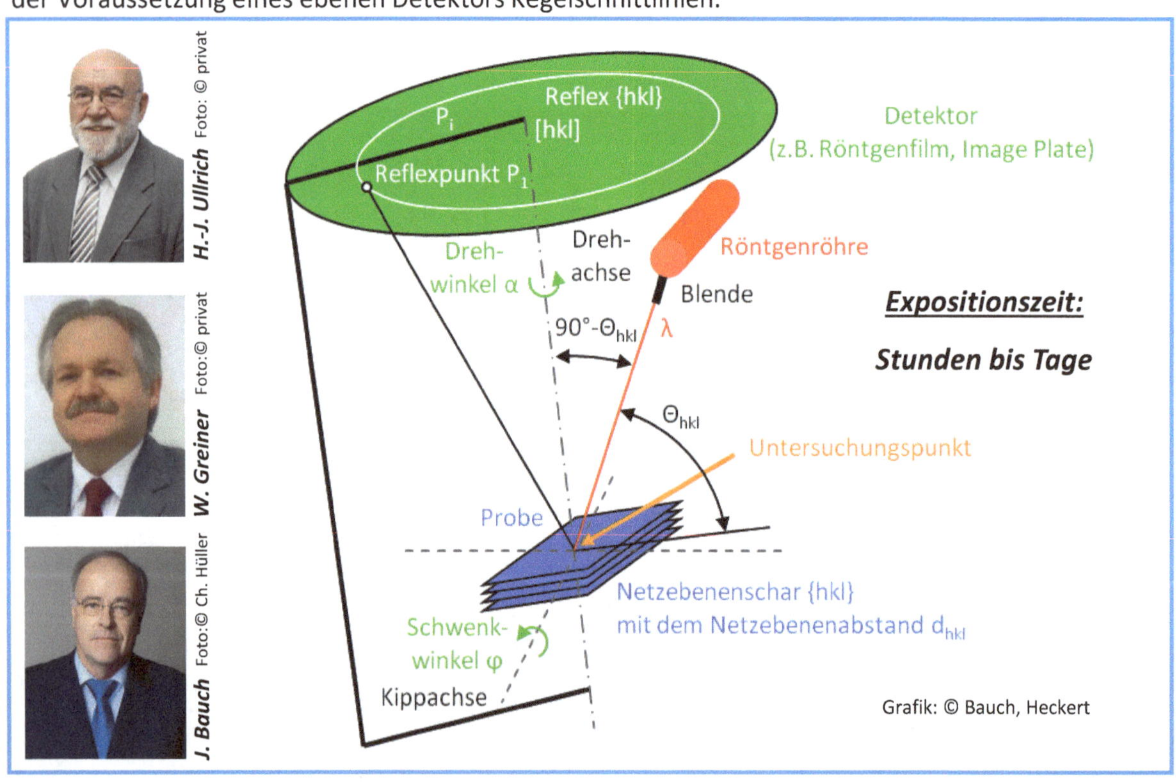

Leistungsprofil und -grenzen:

- Relativer Fehler: Gitterkonstanten $\Delta a/a \approx 10^{-4}$ bis 10^{-5} (reflexabhängig)
- Absoluter Fehler: Dehnungen $|\Delta\varepsilon| \approx 10^{-4}$ (reflexabhängig)
- Orientierung $\Delta\alpha \approx \pm 0{,}2°$; bei Missorientierung $\Delta\alpha \approx \pm 0{,}02°$ (reflexabhängig)
- Abweichungen von der kubischen Symmetrie c/a = 1,002 bis 1,005 (reflexabhängig)
- Versetzungsdichteabschätzung im Bereich 10^7 bis 10^{10} cm^{-2}
- Ortsauflösung ca. 100 µm (Verbesserung möglich)
- Hoher Linienkontrast, da kein Fluoreszenz- und Bremsstrahlungshintergrund (vgl. ↗ KT)

Probenpräparation:

- Einfach (frei von störenden Deck- und Bearbeitungsschichten)

Instrumentierung und Beispiele:

- Detektoren: Vorzugsweise Image Plate oder Röntgenfilm für großformatige Aufnahmen (hier: 252 mm ∅) sowie bewegbare elektronische Flächendetektoren

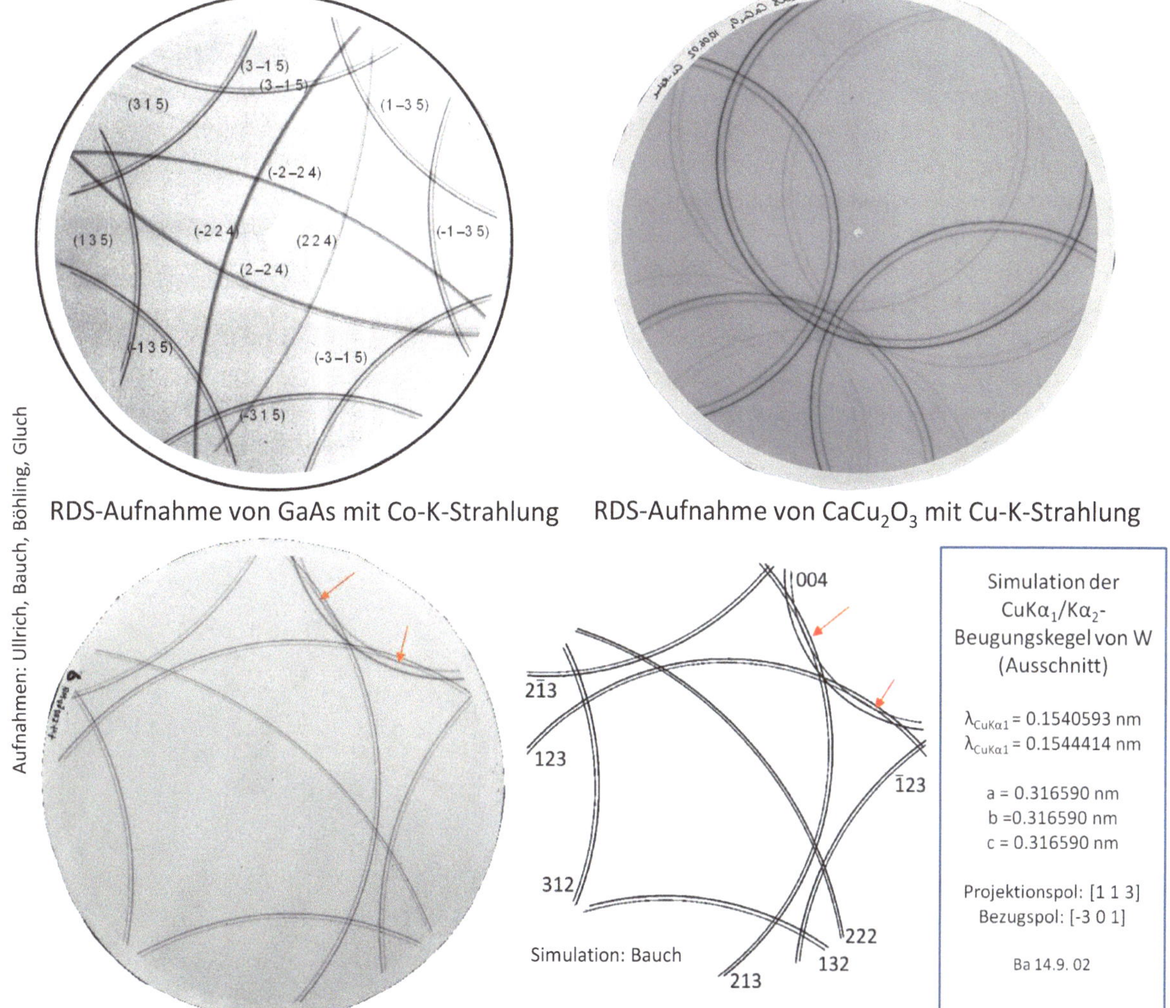

Aufnahmen: Ullrich, Bauch, Böhling, Gluch

RDS-Aufnahme von GaAs mit Co-K-Strahlung

RDS-Aufnahme von $CaCu_2O_3$ mit Cu-K-Strahlung

RDS-Aufnahme von W in der Umgebung des [113]-Poles mit Cu-K-Strahlung (links) und zugehörige Computersimulation (Cu-$K\alpha_1$ und Cu-$K\alpha_2$) zur Bestimmung der Gitterkonstanten (rechts)

XRR - Röntgenreflektometrie

XRR - X-ray Reflectometry

Anwendungen:

- Schichtdickenmessung an kristallinen und amorphen Schichten
- Messung der Oberflächenrauheit
- Bestimmung der Dichte einer Oberflächenschicht, ggf. auch der Schichtzusammensetzung
- Feststellung von Multilayer-Perioden

Funktionsprinzip:

Auf der Grundlage theoretischer Arbeiten von L. PARRATT entwickelte sich ca. 1985 die Methode der Röntgenreflektometrie. Dabei werden dünne Schichten hinsichtlich o.g. Anwendungen untersucht, wobei insbesondere die Totalreflexion und das Eindringvermögen von Röntgenstrahlung eine Rolle spielen. Voraussetzung sind Brechzahlunterschiede zwischen Schicht und Substrat.

Der komplexe Brechungsindex wird mit den materialabhängigen Größen der Dispersion σ und der Absorption β zu $n = 1 - \sigma + i\beta$ bestimmt und ist nur gering von eins verschieden. Der Winkel für die Totalreflexion lässt sich mit dem Brechungsgesetz von W. SNELLIUS zu $\vartheta_C \approx \sqrt{2\sigma}$ abschätzen und liegt typischerweise bei < 0,5°. Übliche Messbereiche für den Einfallswinkel ϑ liegen bei 0° bis ca. 5°. Für $\vartheta \leq \vartheta_C$ liegt Totalreflexion vor. Für größere Winkel über ϑ_C ergeben sich an den (planparallelen) Schichten winkelabhängige Schichtdickeninterferenzen, aus deren Periode (Abstand der Oszillationsmaxima) die Schichtdicken bzw. aus deren Intensitätsabfall die Rauheit der Oberfläche bestimmt werden können (s. Bild nächste Seite). Die Dispersion steht neben weiteren Größen, wie der Molmasse M und der Ordnungszahl Z, mit der Dichte im Zusammenhang.

Insbesondere für die Schichtdickenbestimmung variieren die theoretischen Modelle. In der Praxis stehen entsprechende Programme zur Simulation der gesamten Reflexkurve zur Verfügung. Durch (ggf. interaktiven) Vergleich mit den experimentell ermittelten Verläufen können dann meist Schichtdicken, Dichten und Rauheiten „abgelesen" werden.

Der Einsatz einer motorisiert ansteuerbaren Schneidblende (s. Bild unten) ermöglicht die maximale Verkleinerung der auf den Detektor fallenden Direktstrahlung, ohne dass der reflektierte Strahl bei großen Winkeln zu stark geschwächt wird.

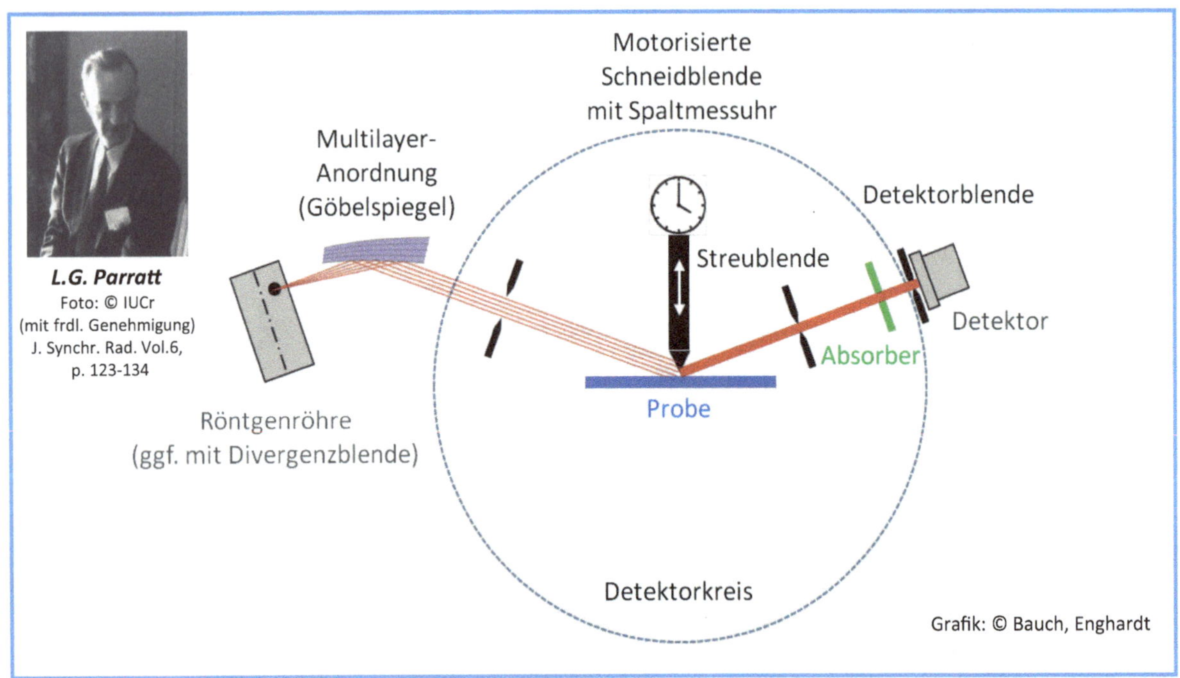

Leistungsprofil und -grenzen:

- Bestimmbare minimale Schichtdicke ca. 3 nm bis 1 nm
- Bestimmbare maximale Schichtdicke ca. 300 nm bis 1 µm
- Genauigkeit der Schichtdickenbestimmung besser als 1 %
- Genauigkeit der Dichtebestimmung ± 0,03 gcm^{-3}
- Rauheit im Schichtdickenbereich von 0 bis 5 nm mit einer Genauigkeit von besser als ± 0,1 nm

Probenpräparation:

- Einfach (frei von störenden Deck- und Bearbeitungsschichten), flache und homogene Probenoberfläche, Rauheit < 5 nm, Probenlänge mind. 2 bis 5 mm in Strahlrichtung, Probengröße ansonsten durch Messsystem vorgegeben und Fixierung der Probe bei bestimmten Gerätetypen notwendig

Instrumentierung und Beispiele:

- Üblicherweise als zusätzliches Equipment zum Röntgendiffraktometer erhältlich

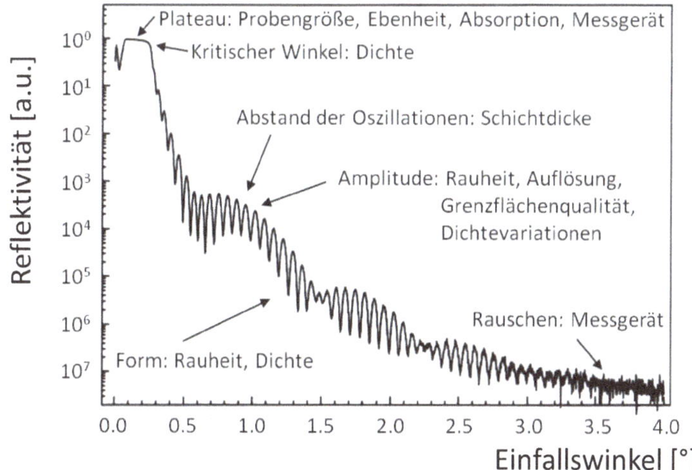

Diagramm: Heckert (nach Literaturdaten)

Verlauf einer Reflektivitätskurve mit typischen Informationsgehalten

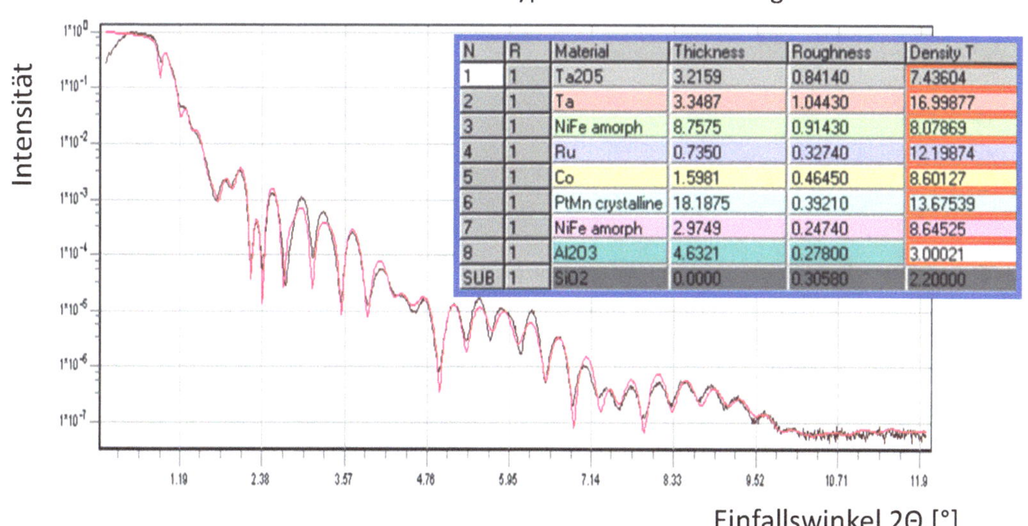

N	R	Material	Thickness	Roughness	Density T
1	1	Ta2O5	3.2159	0.84140	7.43604
2	1	Ta	3.3487	1.04430	16.99877
3	1	NiFe amorph	8.7575	0.91430	8.07869
4	1	Ru	0.7350	0.32740	12.19874
5	1	Co	1.5981	0.46450	8.60127
6	1	PtMn crystalline	18.1875	0.39210	13.67539
7	1	NiFe amorph	2.9749	0.24740	8.64525
8	1	Al2O3	4.6321	0.27800	3.00021
SUB	1	SiO2	0.0000	0.30580	2.20000

Diagramm: Fa. Bruker AXS GmbH, Scherrer (mit frdl. Genehmigung)
Probe: IBM Mainz, Schug

Reflektivitätskurve einer GMR-Heterostruktur mit 8 Layern auf SiO_2 (rot: Simulation mit LEPTOS, schwarz: Experiment; Density T entspricht Density Top)

XRT - Röntgentopographie

XRT - X-ray Topography

Anwendungen:

- Bildgebende, ortsaufgelöste und im Falle von „Extended-Beam-Methoden" großflächige Abbildung der Realstruktur von vorzugsweise einkristallinen Proben
- Untersuchung von Kristallwachstumsvorgängen, Phasenumwandlungen und Alterungsprozessen
- Im weiteren Sinne auch selektive Abbildung von Komponenten in Verbunden (Weitwinkel-Topographie) sowie von Rissen, magnetischen Domänen, Gleitstreifen usw. möglich
- Neue methodische Entwicklungen: Untersuchung von poly- und multikristallinem Material („Topo-Tomograhie") möglich

Funktionsprinzip:

Die Röntgentopographie, welche in einer Vielzahl methodischer und experimenteller Setups existiert, basiert auf der Röntgenbeugung und bildet die Streueigenschaften einer Probe ortskorreliert ab. Auf diese Weise lassen sich ein- bis dreidimensionale Kristallbaufehler (keine nulldimensionalen) bildgebend und - im Falle von „Extended-Beam"-Methoden - auch großflächig abbilden. Meilensteine der Entwicklung sind dabei insbesondere von W.F. BERG 1931 (erste Topographieaufnahme) und G.N. RAMACHANDRAN 1944 (erstes „White-Beam"-Experiment) sowie von W.L. BOND und J. ANDRUS 1952 (erstes „Double-Crystal"-Experiment) und von A.R. LANG 1957 (erste Projektionstopographie-Aufnahme) gelegt worden.

Bei der Verfahrensführung (s. Bild unten) wird typischerweise die Probe mit einem monochromatischen oder polychromatischen („White-Beam"-Verfahren), breit ausgedehnten („Extended-Beam") Röntgenstrahl beleuchtet und die Intensität eines bestimmten Röntgenreflexes aus verschiedenen Bereichen der Probe aufgezeichnet. Bei gestörten Gebieten variiert die gebeugte Intensität des Reflexes sowie evtl. auch die Richtung des entsprechenden Strahlteils (weißer Strahl am Synchrotron) und man erhält einen Kontrast. Diesbezüglich werden Orientierungs- (fehlorientierte Abschnitte, für die die Beugungsbedingung nicht erfüllt ist), Extinktions- (Kristallbaufehler, z.B. Versetzung) und Strukturfaktorkontrast unterschieden. Zur quantitativen Auswertung (Berechnung der Beugungsintensitäten) muss die Dynamische Theorie der Röntgenbeugung hinzugezogen werden. Bei den vorzugsweise angewandten „Extended-Beam"-Techniken (Gegenstück: „Limited-Beam") werden insbesondere die LANG-, die Doppelkristall- und die White-Beam-Topographie (letztere meist am Synchrotron, SXRT) unterschieden. Auch die klassische BERG-BARRETT- Methode ist noch im Einsatz.

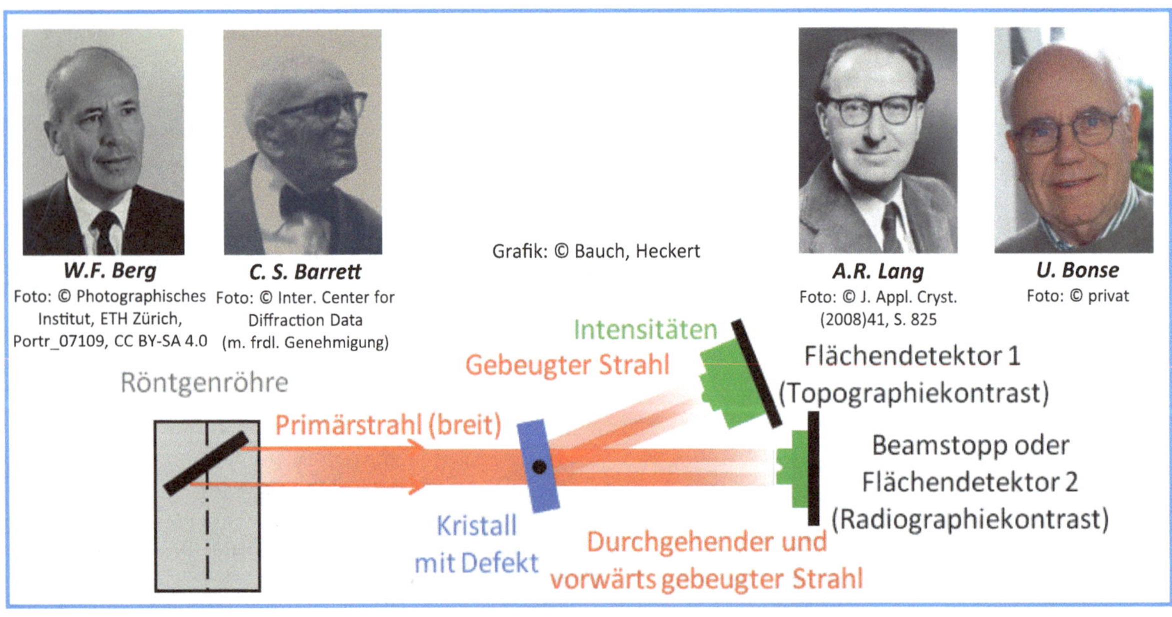

W.F. Berg Foto: © Photographisches Institut, ETH Zürich, Portr_07109, CC BY-SA 4.0

C. S. Barrett Foto: © Inter. Center for Diffraction Data (m. frdl. Genehmigung)

Grafik: © Bauch, Heckert

A.R. Lang Foto: © J. Appl. Cryst. (2008)41, S. 825

U. Bonse Foto: © privat

Leistungsprofil und -grenzen:

- Ortsauflösung einige µm, mit Spezialkameras ca. 0,3 µm (ESRF), zerstörungsfreie Analyse
- $\Delta d/d \approx 10^{-4}$ bis 10^{-7} (Standard) bis $\approx 10^{-8}$ (Doppelkristallmethode)
- Versetzungsdichte bis ca. 10^5 cm^{-2}

Probenpräparation:

- Einfach (frei von störenden Deck- und Bearbeitungsschichten), Probengröße durch Messsystem vorgegeben und Fixierung der Probe bei bestimmten Gerätetypen notwendig

Instrumentierung und Beispiele:

Grafiken: © Bauch, Heckert

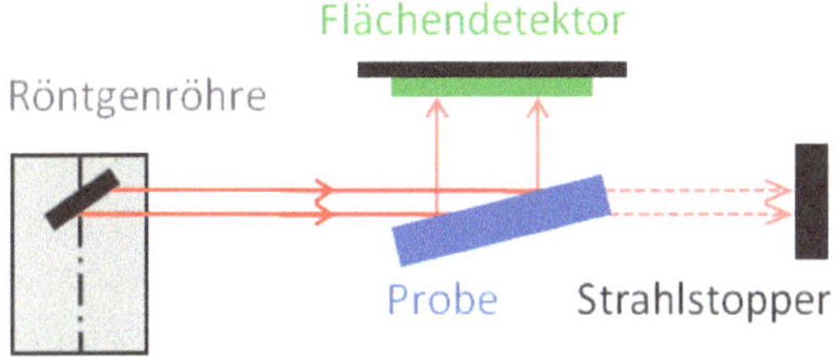

BERG-BARRITT in Reflexion

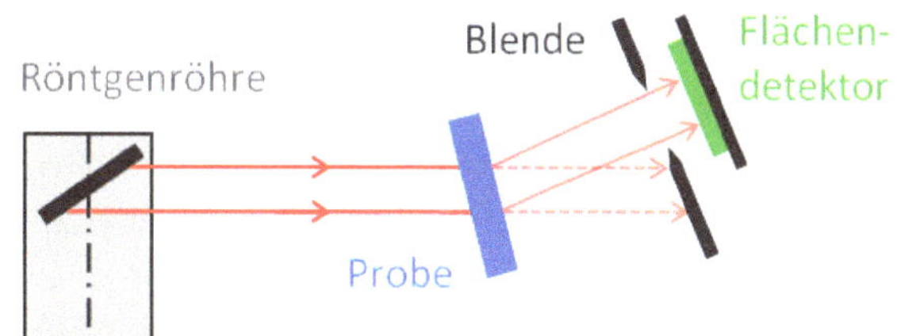

BERG-BARRITT in Transmission

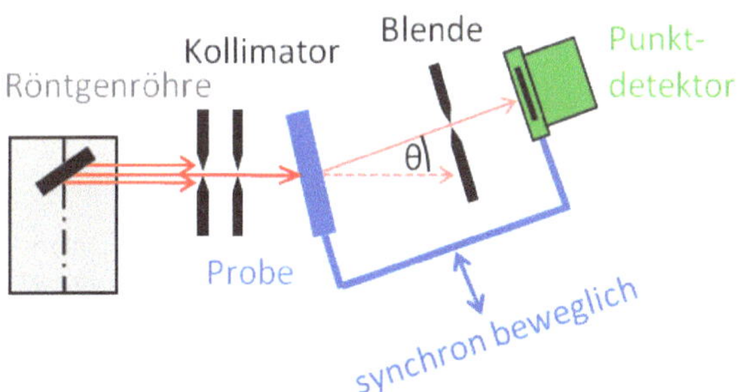

LANG-Projektionstopographie in Transmission

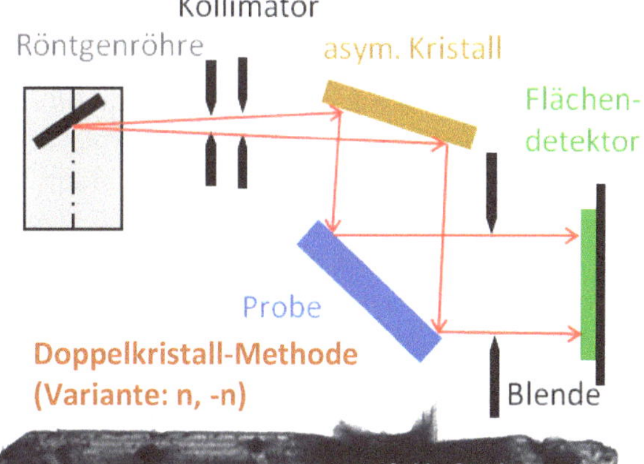

Doppelkristall-Methode (Variante: n, -n)

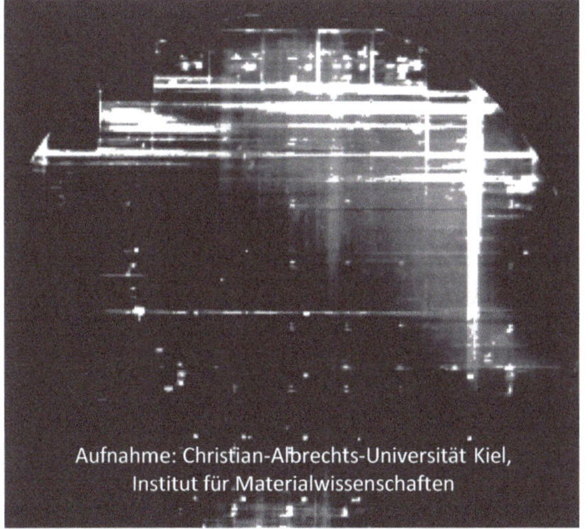

LANG-Aufnahme eines Si-Wafers mit mikroelektronischen Strukturen und einem Durchmesser von 100 mm (Gleitung - dicke, weiße Linien; Versetzungscluster - weiße Rechtecke; Metallausscheidungen - Nebel oben rechts)

Aufnahme: Härtwig, Connell u.a., Beamline ID19, ESRF Grenoble
Probe: Burns, Hansen u.a., Fa. Element Six Technologies Johannesburg

White-Beam-Aufnahme von synthetischem Diamant (HPHT diamond) mit (100)-Orientierung in Transmission

SAXS - Röntgenkleinwinkelstreuung

SAXS - Small Angle X-ray Scattering

Anwendungen:

- Morphologie-Untersuchungen (Partikelgröße, -verteilung und -form), Nanostrukturanalyse
- Aufklärung von Strukturen biologischer Moleküle in Lösung (Proteinanalyse, Bio-SAXS)
- Porositätsbestimmung, Grad der Kristallinität und Orientierungseffekte
- Molekulargewicht und Aggregationszahl
- Untersuchung von Fasern, Gels, kolloidalen Lösungen, Flüssigkeiten, Flüssigkristallen, Polymeren, nanostrukturierten Oberflächen (GISAXS), Metallen und deren Legierungen sowie biologischen Materialien möglich

Funktionsprinzip:

Die Röntgenkleinwinkelstreuung ist eine zerstörungsfreie Methode zur Analyse von mikroskopischen und insbesondere nanoskopischen Probeninhomogenitäten mit einem breiten werkstoffwissenschaftlichen Untersuchungsspektrum. Sie ist eine Standardmethode der Soft-Matter-Physik geworden, nachdem O. KRATKY 1957 seine nach ihm benannte Kamera vorgestellt hatte.
Der von einer Röntgenröhre (vorzugsweise Mikrofokusröhre, Drehanode oder MetalJet), einer Synchrotronquelle oder einer Neutronenquelle (SANS) erzeugte Strahl wird zunächst monochromatisiert, parallelisiert und kollimiert (Montel- bzw. Göbelspiegel) und seine Divergenz auf ca. 0,05° eingeschränkt. Der so aufbereitete Röntgenstrahl durchdringt die Probe im untersuchten Volumen (SAXS, Transmission) und wird an Elektronendichteunterschieden (durch z.B. Partikel) gestreut. Die gestreute Röntgenintensität (Abweichung vom parallelen Strahl) lässt sich nunmehr als Funktion des Streuwinkels typischerweise mit einem 2D-Flächendetektor registrieren. Ein Beamstop für den Primärstrahl verhindert eine Sättigung des Detektors. Im Falle von SAXS werden sehr kleine Streuwinkel (typisch 0,1° bis 5°) detektiert. In der Weitwinkelvariante WAXS (Wide Angle XS) ist dieser Winkel deutlich größer, wobei dann sehr kleine Inhomogenitäten (< 2 nm) aufgelöst werden können. Für dickere Proben und Metalle kommt vorzugsweise GISAXS (Grazing Incidence SAXS) zum Einsatz. Dabei wird der Primärstrahl unter einem Winkel knapp oberhalb des Grenzwinkels der Totalreflexion auf die Probe geführt und das reflektierte Signal detektiert. Durch schrittweises Drehen der Probe sind Intensitätsmappings möglich (Sample Surface Structure).

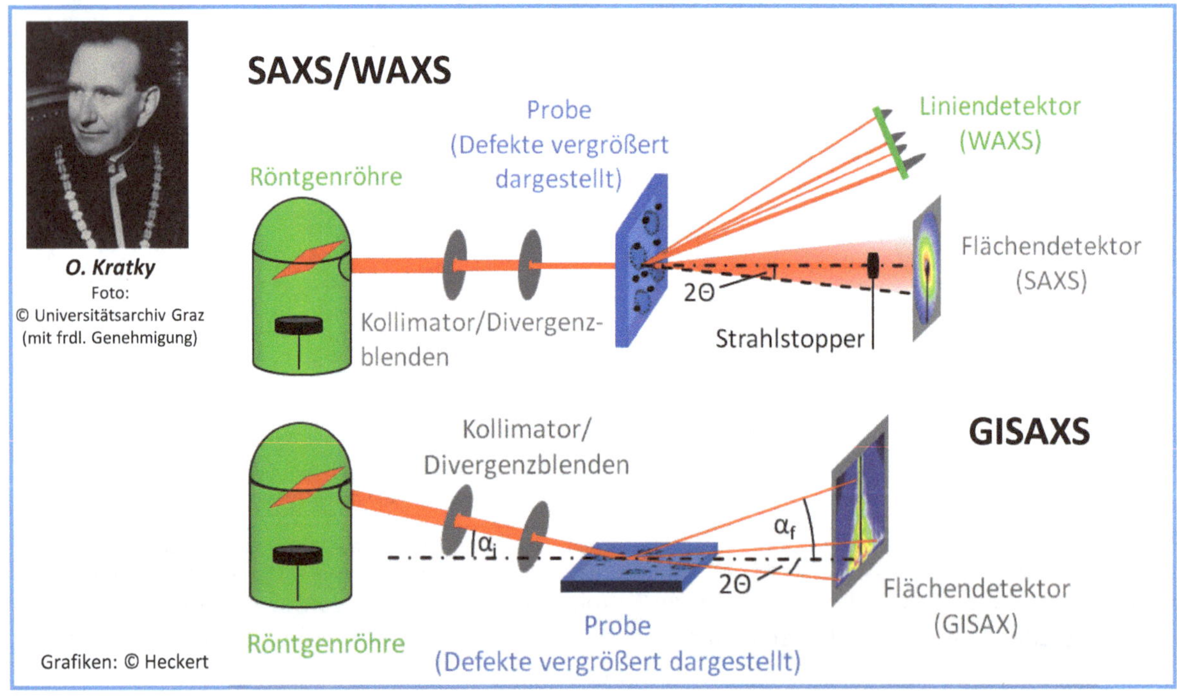

O. Kratky
Foto:
© Universitätsarchiv Graz
(mit frdl. Genehmigung)

Grafiken: © Heckert

Leistungsprofil und -grenzen:

- Untersuchung von Nanostrukturen von ca. 1 nm bis ca. 100 nm (SAXS und GISAXS) und < 2 nm (WAXS), Ortsauflösung u.a. von Strahldurchmesser, minimaler Divergenz und Strahlaufweitung durch das Material abhängig
- Strukturinformationen von Makromolekülen im Bereich von ca. 5 bis 25 nm
- Statistisch relevante Einblicke in die dreidimensionalen, nanostrukturellen Eigenschaften
- SAXS in Transmission meist nur bei dünnen Proben (ca. 1 mm) mit leichten Elementen möglich (z.B. Polymere, biologische Proben in wässriger Lösung)
- Bei Metallen (schwere Elemente) oder dünnen Filmen auf röntgenographisch nicht transparenten Substraten meist nur streifender Einfall/Reflexion (GISAXS)

Probenpräparation:

- Einfach (frei von störenden Deck- und Bearbeitungsschichten), für GISAXS müssen Proben sehr eben sein

Instrumentierung und Beispiel:

- Linien- und Flächendetektoren (Gas- oder Proportionalzählrohr, Szintillator, CCD, Image Plate, Festkörperdetektor)

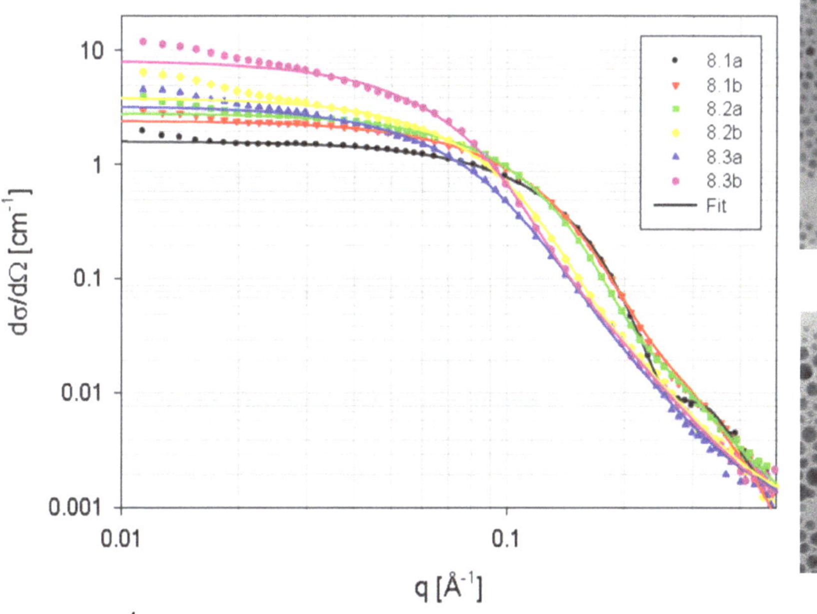

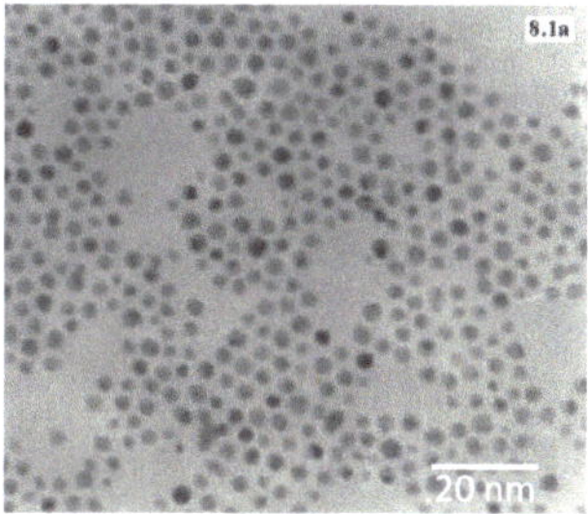

Probe 8.1a (-17°C)

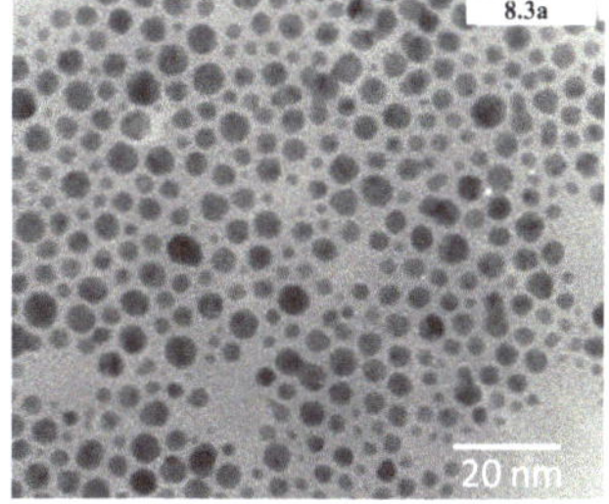

Probe 8.3a (31,5°C)

mit $q = \frac{4\pi}{\lambda}\sin\Theta$ q - Betrag des reziproken Streuvektors
Θ - Streuwinkel
λ - Wellenlänge der Röntgenstrahlung

Literaturquelle:
Jorgensen, Erlacher, Pedersen, Gothelf;
Langmuir 2005, 21, 10320-10323

Aufnahmen: Erlacher, Bruker AXS GmbH, Karlsruhe (mit freundlicher Genehmigung)

Gemessene SAXS-Streuintensität (makroskopischer Streuquerschnitt dσ/dΩ) an Gold-Nanoclustern an einem MPC (Monolayer Protected Cluster) aus Alkylthiol (Teilbild links). Die Abhängigkeit der Teilchengröße und -verteilung von der Präparationstemperatur ist sowohl im SAXS-Streudiagramm als auch in den beiden beispielhaft ausgewählten TEM-Aufnahmen sichtbar (rechte Teilbilder).
Gerätetechnik: Cu-Kα-Strahlung, Multilayeroptik, Pinhole-Kollimatoren, Flächendetektor

EBSD - KIKUCHI-Beugung

EBSD - Electron Backscatter Diffraction

Anwendungen:

- Orientierungs- und Missorientierungsbestimmung (inklusive Falschfarben-Orientierungsmappings und unterlegtem REM-Oberflächenbild sowie ODF)
- Texturanalyse einschließlich Mikrotextur
- Korngröße, Korngrenzentyp
- Überstrukturanalyse
- Phasenidentifizierung (nur bedingt, wegen kleiner Beugungswinkel; ggf. Phasendiskriminierung in Kombination mit ↗EDX)
- Beobachtung von Phasenumwandlungen (z.B. Heiztisch im ↗REM)
- Bedingt Dehnungs- bzw. Eigenspannungsanalyse (nur bei großen Dehnungen anwendbar)
- Versetzungsdichteabschätzung

Funktionsprinzip:

Das Verfahrensprinzip zur Herstellung von EBSD-Aufnahmen (KIKUCHI-Pattern nach S. KIKUCHI 1928) erfordert einen Punktstrahl sowie eine ebenfalls raumfest angeordnete, in Detektorrichtung meist um 70° geneigte Probe. Quasielastisch gestreute Elektronen, die unter dem Bragg'schen Winkel Θ auf die Netzebenen der Probe treffen, werden von diesen reflektiert und beschreiben einen weit geöffneten Kegel mit dem halben Öffnungswinkel 90°-Θ. Als Projektion der Kegel auf die Detektorebene erscheinen die EBSD-Linien. Die Auswertungssoftware bestimmt mittels modifizierter HOUGH-Transformation (RADON-Transformation) die als Geraden approximierten Bandpositionen und führt mit internen kristallographischen Vergleichswerten eine sehr schnelle Reflexindizierung durch. Für die Verfahrensführung ist ein Rasterelektronenmikroskop gerätetechnische Voraussetzung. Aufgrund der im ↗REM erreichbaren hohen lateralen Auflösung können beim automatischen Abscannen einer ROI (Region of Interest) nahezu lückenlos Orientierungsdaten eines zusammenhängenden Probengebietes erfasst, ausgewertet und visuell dargestellt werden (Orientation Imaging Microscopy OIM). Für jeden Punkt speichert das System die Punktkoordinaten, die Orientierungsmatrix und den „Pattern"-Qualitätsfaktor. Weitere Informationen können durch die Auswertung von ggf. abgebildeten HOLZ-Linien (High Order LAUE Zones) bezüglich der Zonenachsenfeinstruktur gewonnen werden.

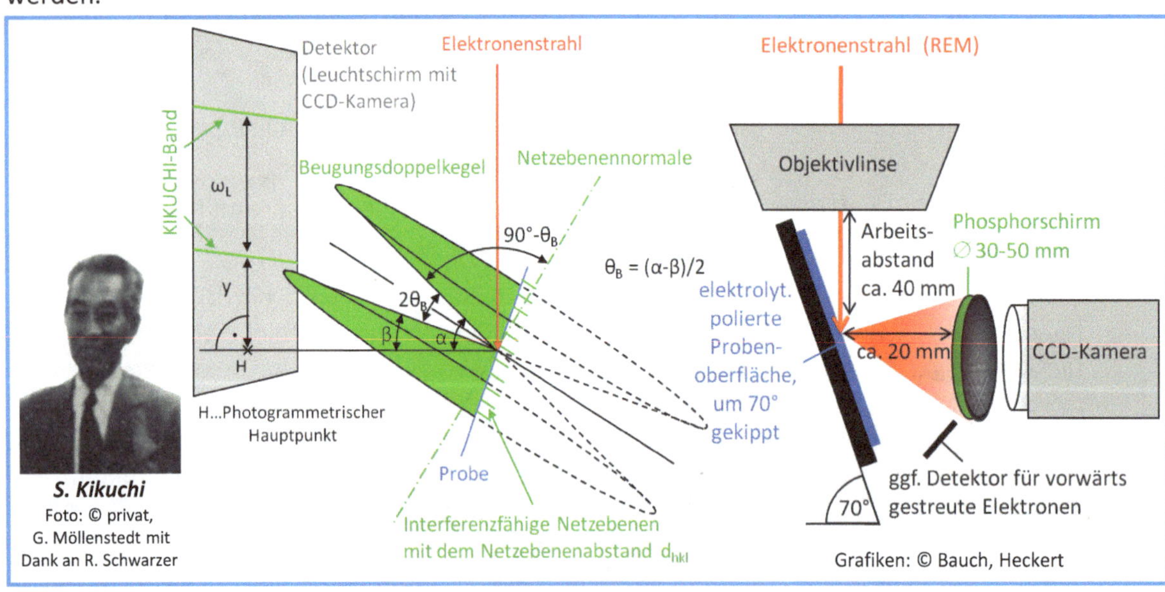

S. Kikuchi
Foto: © privat, G. Möllenstedt mit Dank an R. Schwarzer

Grafiken: © Bauch, Heckert

Leistungsprofil und -grenzen:

- Gitterkonstanten mit $\Delta a/a \approx 10^{-2}$ (deshalb in der Praxis kaum dafür geeignet)
- Orientierung $\Delta\alpha \approx \pm 0{,}5°$, bei Missorientierung $\Delta\alpha \approx \pm 0{,}1°$
- Versetzungsdichteabschätzung im Bereich 10^8 bis 10^{11} cm^{-2}
- Ortsauflösung besser als 30 nm (u.a. von Kathodentyp, Strahldurchmesser, Anregungsspannung und Probendichte abhängig); Informationstiefe wenige 10 nm
- Zeit pro Einzelorientierung kürzer als 1 ms (abhängig von Software und Auswertungs-PC)

Probenpräparation:

- Anspruchsvoll (völlig frei von Deck- und Bearbeitungsschichten, Untersuchungsbeginn möglichst innerhalb einer Stunde nach Präparation; bevorzugt mit ↗FIB, Vibrationspolieren mit kolloidalem SiO_2 oder - bei einphasigen Werkstoffen - elektrolytisches Ätzen)
- Plane Probenoberfläche erforderlich

Instrumentierung und Beispiele:

- ↗REM erforderlich
- Detektoren: Leuchtschirm mit adaptierter CCD-Kamera
- Trends: Kombination mit ↗FIB (3D-EBSD), Kombination mit ↗EDX zur Phasendiskriminierung im analytischen ↗REM , EBSD in Transmission für abgedünnte Proben (t-EBSD)

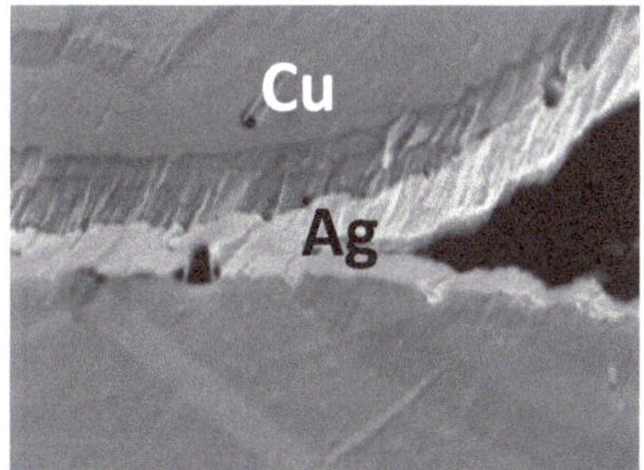

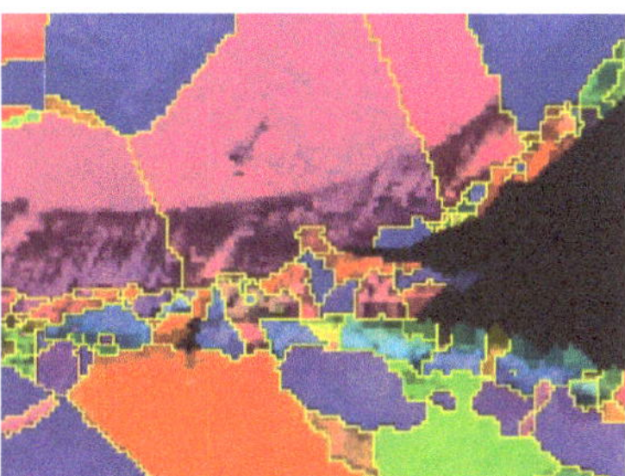

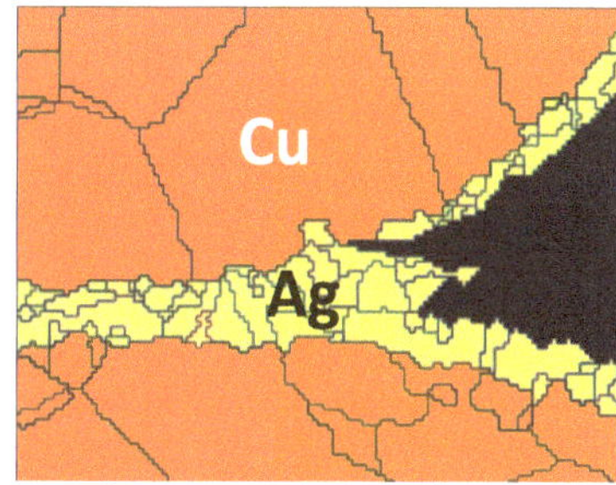

REM-Elektronenrückstreubild, Orientierungsmapping und Phasenzuordnung sowie zugehörige EBSD-Pattern von gesinterten und mit einer dünnen Silberschicht ummantelten Kupferdrähten

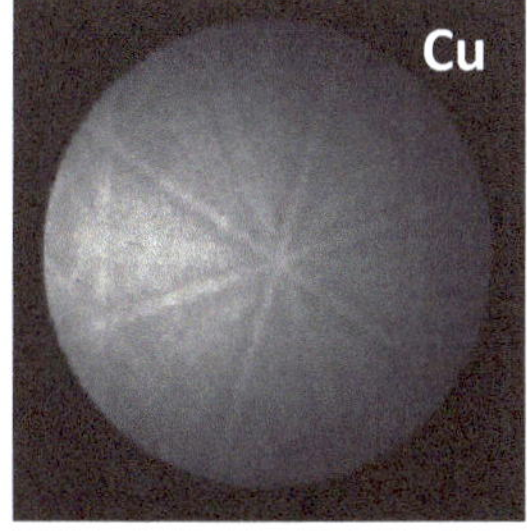

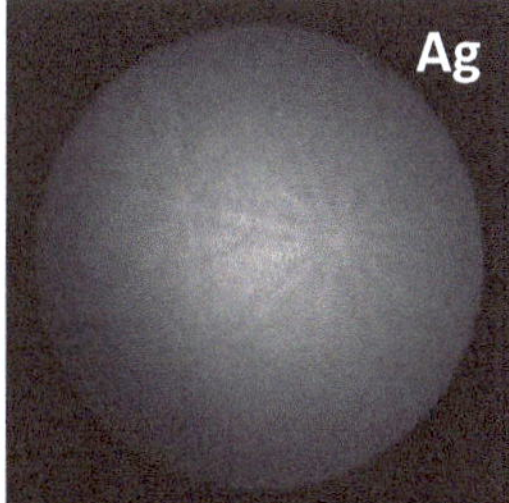

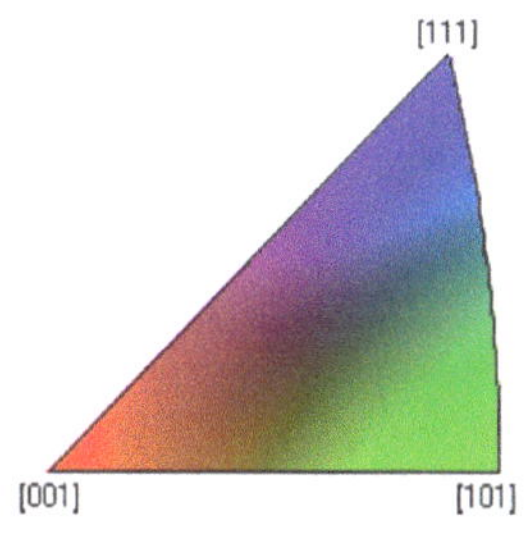

Farbschlüssel für das obige Mapping

Aufnahmen/Messungen: TUD, IfWW, AG Werkstoffdiagnostik

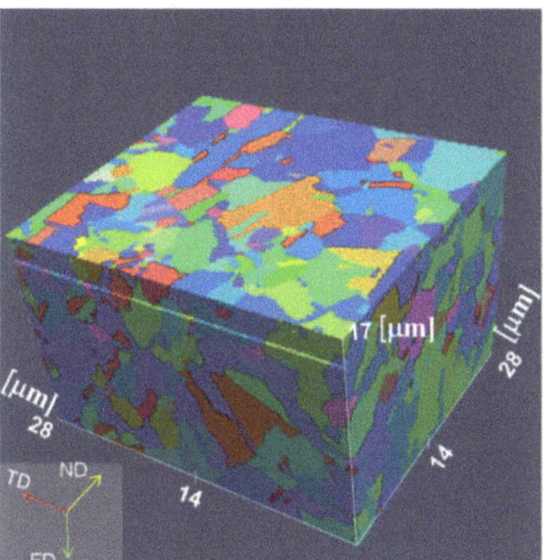

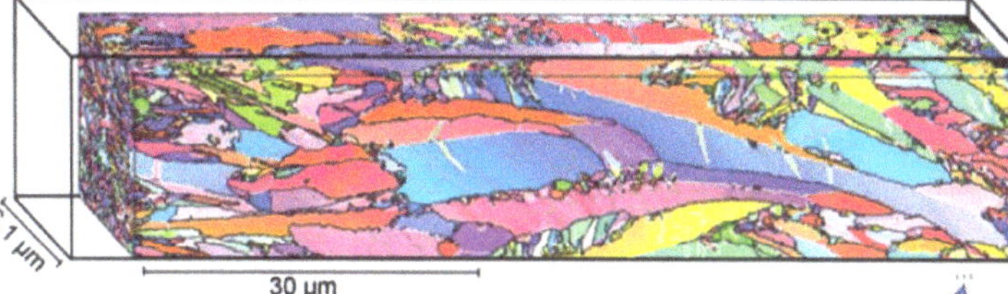

3D-Mikrostrukturen einer ECAP-verformten Cu-Zr-Legierung (links) und eines elektrolytisch abgeschiedenen Co-Ni-Films (rechts)
Großwinkelkorngrenzen (> 15°) ... schwarz
Kleinwinkelkorngrenzen (< 15°) ... grau
Zwillingskorngrenzen ... weiß

Bilder unten links und rechts: MPI für Eisenforschung, Khorashadizadeh, Raabe, Zaefferer, Bastos u.a.

NBD - Nano-Elektronenbeugung

NBD - Nano Beam Diffraction

Anwendungen:

- Hochauflösende Methode zur Bestimmung von Gitterparametern und damit zur lokalen Dehnungs-analyse (Eigenspannungen), z.B. in mikroelektronischen Bauelementen

Funktionsprinzip:

C.J. DAVISSON und L.H. GERMER sowie G.P. THOMSON führten unabhängig voneinander erste grundlegende Experimente zur Elektronenbeugung durch. Diese ist heute unter der Bezeichnung TED (Transmission Electron Diffraction) eine Standardmethode in der Transmissionselektronenmikroskopie ↗TEM. Eine hochauflösende Spielart des Verfahrens ist NBD. Dabei wird ein im ↗TEM quasiparallel kollimierter Elektronenstrahl mit einem typischen Durchmesser von 5 nm über die Probe geführt. Auf diese Weise werden Beugungsbilder (an einer Zonenachse) aufgenommen und für jede Position gespeichert. Erfolgt dies im Rastermode, spricht man gelegentlich auch von SNBD (Scanning NBD). Mit speziellen Analyse- und Fitprogrammen werden die Spotmaxima der einzelnen Beugungsbilder ausgewertet (Subpixelauflösung erforderlich) und Gitter- bzw. Dehnungsparameter bestimmt. Bei bekannten elastischen Konstanten ist auf diese Weise auch eine hochortsauflösende Eigenspannungsanalyse möglich, was das Verfahren besonders für die Mikro- und Nanoelektronik interessant macht. Je nach Größe der untersuchten Probengebiete liegen typische Aufnahmezeiten im Bereich von 30 min. Für die computergestützte Auswertung ist i.A. noch einmal ein ebenso großer Zeitaufwand erforderlich.

Ähnlich geartete, aber z.T. aufwendigere Methoden sind CBED (Convergent Beam Electron Diffraction nach W. KOSSEL und G. MÖLLENSTEDT), DFEH (Dark Field Electron Holography) und STEM-HAADF (Scanning TEM High Angle Annular Dark Field Imaging) sowie neuerdings auch das PED-Verfahren (Precession Electron Diffraction), bei dem der gekippte Elektronenstrahl zusätzlich um die Zentralachse des Mikroskops rotiert und die Anzahl der Beugungsspots steigt.

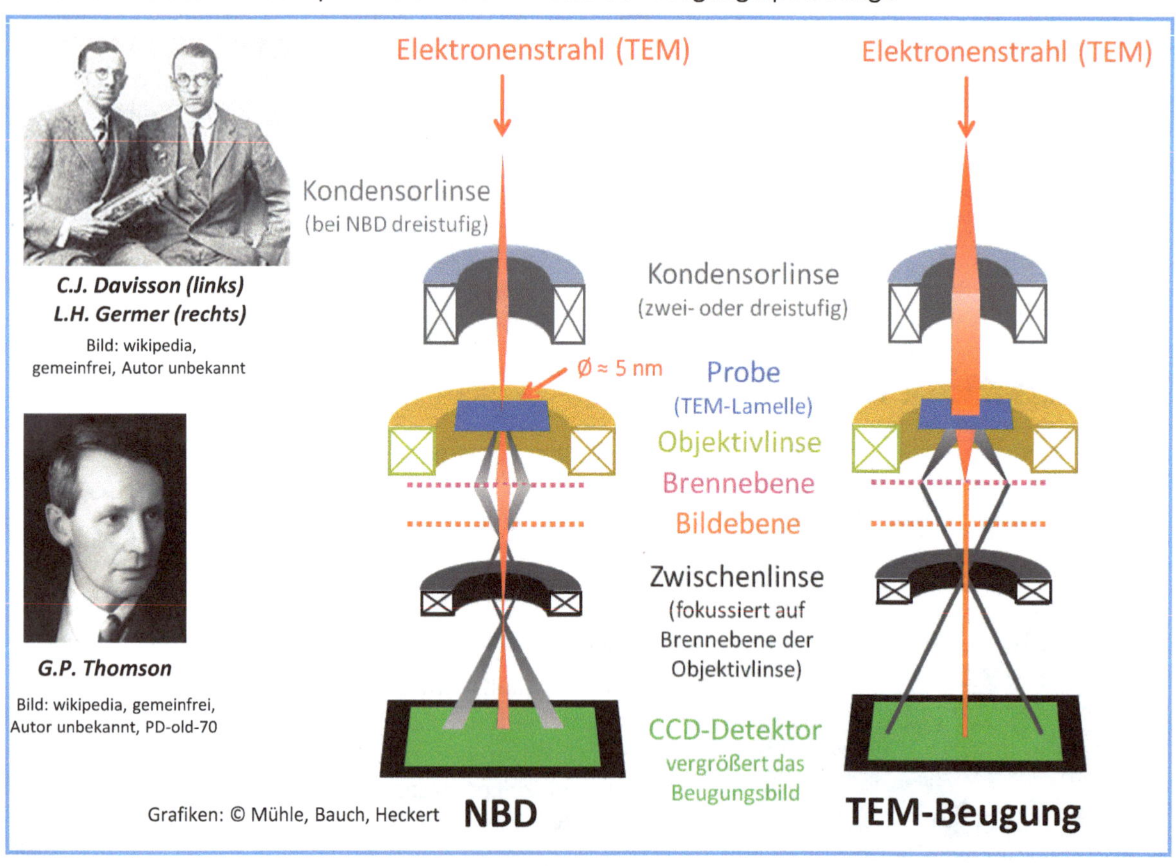

C.J. Davisson (links)
L.H. Germer (rechts)
Bild: wikipedia, gemeinfrei, Autor unbekannt

G.P. Thomson
Bild: wikipedia, gemeinfrei, Autor unbekannt, PD-old-70

Grafiken: © Mühle, Bauch, Heckert

Leistungsprofil und -grenzen:

- Ortsauflösung ca. 5 nm und Dehnungsauflösung von ca. 0,1 % (aktuelle Anforderungen in der Mikroelektronik)
- Kleinerer Spot und kleinerer Konvergenzwinkel gegenüber CBED

Probenpräparation:

- Aufwendige Präparation gemäß TEM-Anforderungen (TEM-Lamelle, Focused Ion Beam ↗FIB)

Instrumentierung und Beispiel:

- ↗TEM erforderlich
- Detektoren: meist Leuchtschirm mit adaptierter CCD-Kamera

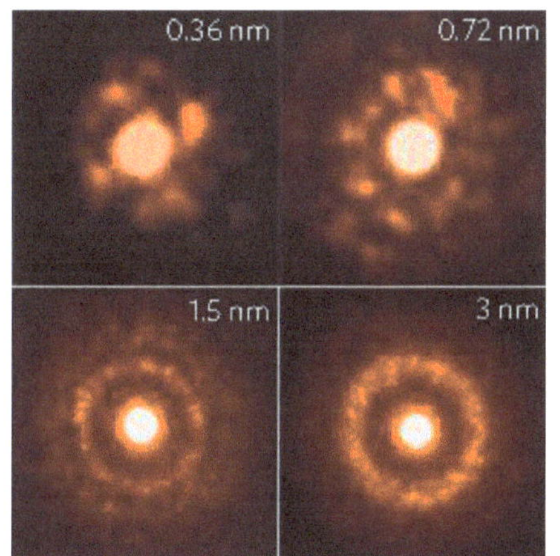

Mit einer CCD-Kamera aufgenommene NBD-Bilder während der Abrasterung einzelner Nanobereiche eines metallischen Glases in Abhängigkeit vom Durchmesser des anregenden Elektronenstrahls

Aufnahmen: Hirato u.a., Nature Materials, Lizenz: 3571870202161

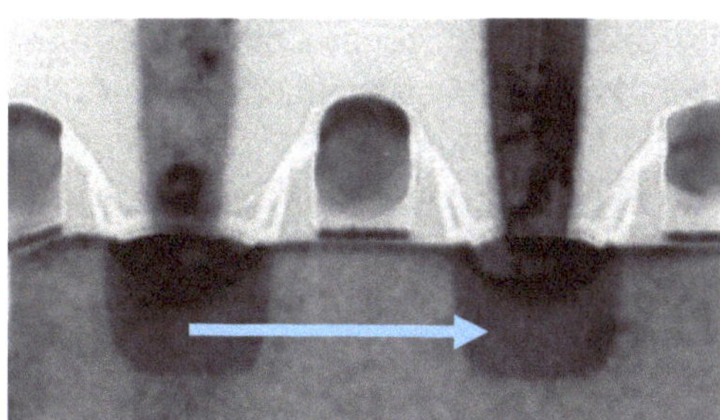

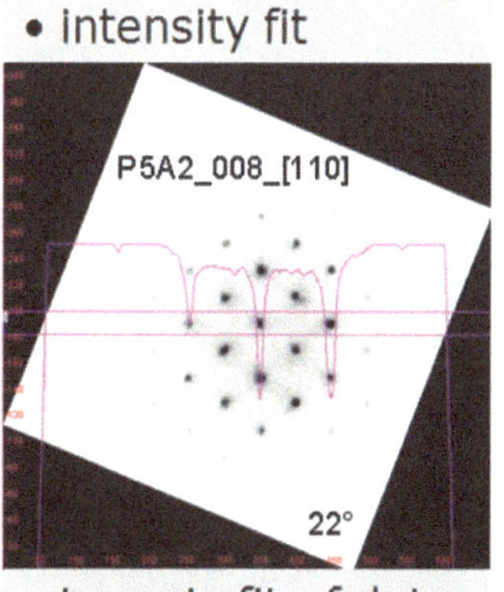

Abnahme und Anpassen der Intensitätsdaten, z.B. mittels „Lorentz fit“

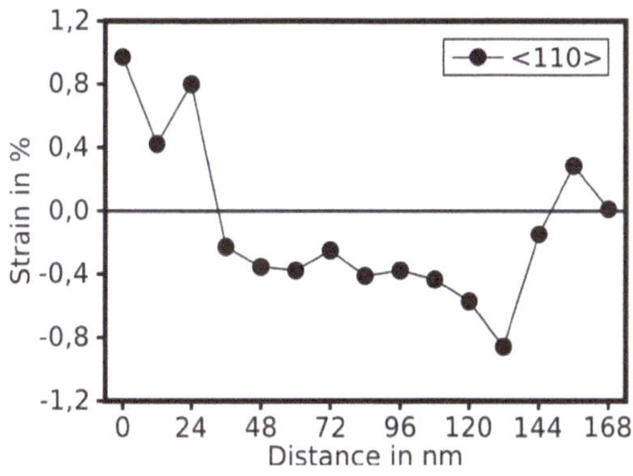

• Lorentz fit of data
⇨ strain:

Druckspannung durch SiGe-Epitaxiewachstum

$$\varepsilon[hkl] = \frac{d_{\text{strained (hkl)}} - d_{\text{unstrained (hkl)}}}{d_{\text{unstrained (hkl)}}}$$

Aufnahmen/Messungen:
GlobalFoundries Dresden, Engelmann, Geisler

Spannungs- bzw. Dehnungs-Analyse im Junction- und Channel-Bereich eines pMOSFET im TEM

EDX - Energiedispersive Röntgenspektroskopie

EDX - Energy Dispersive X-ray Spectroscopy

Anwendungen:

- Standardfreie („Fundamentalparameterprogramme") und standardbezogene Elementanalyse von Festkörpern im µm-Bereich (↗REM) bzw. nm-Bereich (↗TEM)
- Analyse intermetallischer Phasen (vollständig nur in Kombination mit ↗XRD möglich)
- Spurenanalyse in Forensik und Umwelttechnik
- Mikroanalytik in der Halbleiterindustrie
- Elementverteilungsbilder (Mapping)

Funktionsprinzip:

EDX ist neben ↗WDX eine Methode der Elektronenstrahlmikroanalyse (ESMA), welche auf Arbeiten von R. CASTAING (1949) basiert. Sie nutzt die von einem Festkörper infolge eines Elektronenbeschusses emittierten charakteristischen Röntgenstrahlen, um die darin enthaltenen Elemente qualitativ und quantitativ zu bestimmen. Für das Verfahren ist zwingend ein fokussierter Elektronenstrahl erforderlich, wie er in REMs und TEMs vorhanden ist. Elektronenstrahlmikrosonden sind speziell für die Elementanalyse ausgestattete Elektronenmikroskope, die auf einen hohen Probenstrom und damit auf eine hohe Nachweisempfindlichkeit sowie kurze Messzeiten optimiert sind und demzufolge eine geringere Auflösung als das ↗REM bei der Abbildung bieten.
Ein auf die Probe treffendes Primärelektron schlägt aus einem der kernnahen Energieniveaus ein Elektron heraus. Diese Lücke wird sofort von einem Elektron aus einem höheren Niveau gefüllt, welches dabei einen Röntgenquant genau der Energie abgibt, die der Differenz der beiden Energieniveaus entspricht und die für jedes Element spezifisch ist (Moseley'sches Gesetz). Die emittierten Röntgenstrahlen gelangen in einen Halbleiterdetektor, wo sie eine ihrer Energie proportionale Zahl von Elektron-Loch-Paaren erzeugen. Die Ladungen werden zu einer Ausleseanode geleitet und einem Impulsverstärker zugeführt, dessen erste Stufe sich auf demselben Chip wie der Detektor befindet, wodurch ein höherer Impulsdurchsatz und damit eine kürzere Messzeit erreicht wird. Die erzeugten Spannungsimpulse werden in einem Vielkanalanalysator registriert und gezählt. An einem nachgeschalteten PC erfolgt die weitere Auswertung. Das Verhältnis der Konzentrationen eines unbekannten Elements und eines Standardelements C_u/C_s berechnet sich nach $C_u/C_s=I_u/I_s$ (Erste Castaing'sche Näherung), wobei I_u und I_s die Netto-Peakintensitäten des unbekannten und des Standardelementes sind. Zur genaueren quantitativen Analyse wird das sogenannte ZAF-Modell herangezogen, welches Ordnungszahleffekte (Z), Absorptionseffekte (A) und Fluoreszenzeffekte (F) korrigiert. Die mangelnde Trennschärfe benachbarter Linien infolge relativ geringer Energieauflösung (Beispiel: L-Serien der drei Elemente in Indium-Zinn-Antimon-Lotwerkstoffen) erschwert eine genaue quantitative Analyse trotz mathematischer Entfaltungsverfahren.

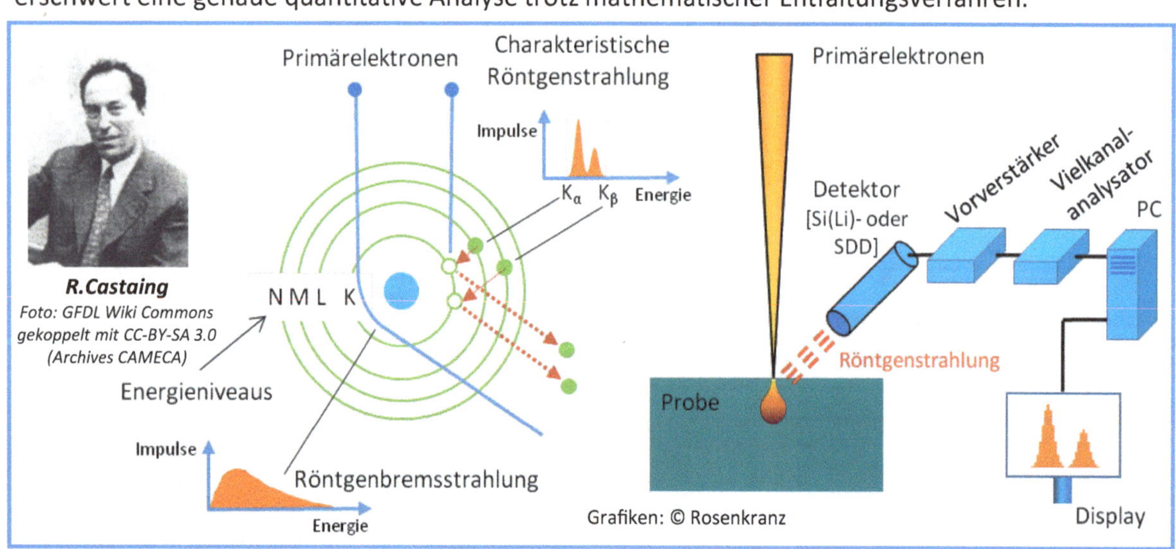

Leistungsprofil und -grenzen:

- Ortsauflösung: typisch besser als 1 µm im ↗REM, besser als 2 nm im ↗TEM
- Energieauflösung 120 bis 130 eV (wesentlich besser bei ↗WDX, dort 7 bis 10 eV)
- Nachweis von allen Elementen außer Wasserstoff, keine Verbindungen
- Nachweisempfindlichkeit 0,1 % (ab Z > 10, für leichte Elemente schlechter)
- Anforderungen für eine exakte Quantifizierung: homogen durchmischte, ebene Probe, laterale Ausdehnung dieses Gebietes beim ↗REM > 3 µm, beim ↗TEM > 3 nm
- Genauigkeit der Quantifizierung: 2 bis 5 %, bei leichten Elementen schlechter
- Genauigkeit der Quantifizierung bei Messungen gegen Standards ca. 1 %

Probenpräparation:

- Einfach, auf Vakuumtauglichkeit achten

Instrumentierung und Beispiele:

- ↗REM oder ↗TEM oder Elektronenstrahlmikrosonde erforderlich
- Klassische Detektoren: Si(Li) - lithiumgedrifteter Siliziumdetektor, gekühlt mit flüssigem Stickstoff
- Moderne Detektoren: SDD - Siliziumdriftdetektoren, gekühlt mit einem Peltierelement (hohe Impulsraten bei noch guter Energieauflösung und moderner, probennaher SlimLine-Technologie)
- Schneller Impulsverstärker
- Vielkanalanalysator
- Steuerungs- und Auswertungs-PC

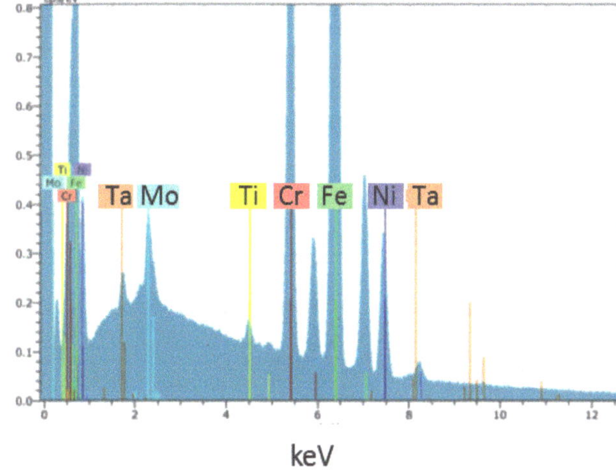

Element	Series	unn. C [wt.%]	norm. C [wt.%]	Atom. C [at.%]	Error [%]
Chrom	K-series	11,58	18,41	20,02	0,7
Eisen	K-series	42,37	67,34	68,17	2,2
Nickel	K-series	5,90	9,38	9,04	0,3
Molybdän	L-series	1,67	2,65	1,56	0,2
Titan	K-series	0,38	0,60	0,71	0,1
Tantal	L-series	1,02	1,62	0,51	0,1
	Total:	62,92	100,00	100,00	

EDX-Spektrum einer Edelstahlprobe mit Bremsstrahlungsuntergrund, charakteristischen Röntgenpeaks sowie den Quantifizierungsergebnissen

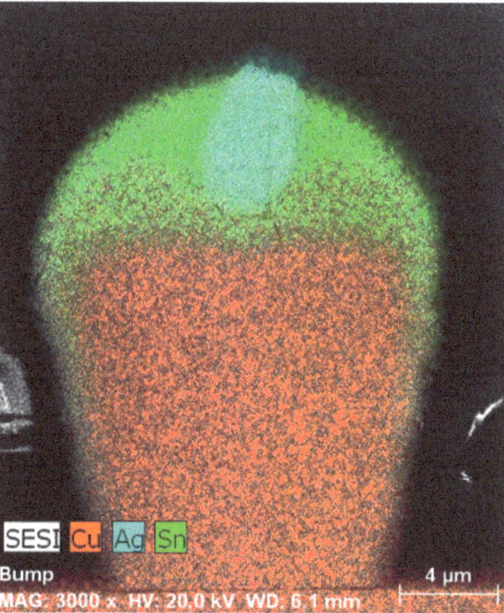

EDX-Mapping eines Lothügels auf einem Mikroelektronikchip mit Cu-Pillar, SnAg-Lot und Silberausscheidung

Abbildungen: Rosenkranz

WDX - Wellenlängendispersive Röntgenspektroskopie

WDX - Wavelength Dispersive X-ray Spectroscopy

Anwendungen:

- Standardfreie und standardbezogene Elementanalyse von Festkörpern im µm-Bereich (↗REM) bzw. nm-Bereich (↗TEM)
- Analyse intermetallischer Phasen (vollständig nur in Kombination mit ↗XRD möglich)
- Spurenanalyse in Forensik und Umwelttechnik
- Mikroanalytik in der Halbleiterindustrie

Funktionsprinzip:

WDX ist neben ↗EDX eine Methode der Elektronenstrahlmikroanalyse (ESMA), welche auf Arbeiten von R. CASTAING (1949) basiert. Sie nutzt die von einem Festkörper infolge eines Elektronenbeschusses emittierten charakteristischen Röntgenstrahlen, um die darin enthaltenen Elemente qualitativ und quantitativ zu bestimmen. Für das Verfahren ist zwingend ein fokussierter Elektronenstrahl erforderlich, wie er in REMs und TEMs vorhanden ist. Elektronenstrahlmikrosonden, die ebenfalls noch eingesetzt werden, sind speziell für die Elementanalyse mittels WDX und ↗EDX ausgestattete Elektronenmikroskope.

Die auf die Probe treffenden Primärelektronen regen die charakteristische Röntgenstrahlung aller im Untersuchungsvolumen enthaltenen Elemente an. Diese wird sequentiell für jede einzelne Wellenlänge mittels Spektrometerkristallen (z.B. 200-LiF mit d_{200} = 0,201 nm) analysiert (Veränderung des Reflexionswinkels Θ) und gemäß dem Moseley'schen Gesetz einem entsprechenden Element zugeordnet. Dazu werden die Winkelverhältnisse Probe-Spektrometerkristall-Detektor kontinuierlich (motorisch) verändert.

Heute werden ausschließlich „lichtstarke“, fokussierende Linearspektrometer mit festem Abnahmewinkel nach H.H. JOHANN (halbfokussierend) bzw. T. JOHANSSON (vollfokussierend) verwendet. Auf dem Fokussierungskreis (Rowlandkreis) müssen die Quelle (Probenuntersuchungspunkt), der Spektrometerkristall (Punkt A) und der Detektoreintrittspunkt liegen. Daraus folgt die Rowlandbedingung $L = 2R\sin\Theta$. Diese Beziehung zeigt, dass bei Veränderung von Θ auch L geändert werden muss, d.h. der Rowlandkreis „wandert“, die Blickrichtung auf die Probe bleibt aber gleich (Bild unten). Bei allen Aktionen wird die Intensität auf dem Detektor kontinuierlich als Funktion von Θ und damit nach der Bragg'schen Gleichung als Funktion von λ registriert. Dies stößt bei Verwendung von nur einem Kristall schnell an (Element-)Grenzen, deshalb sind mehrere Spektrometerkristalle notwendig (entweder mehrere Spektrometer oder „Revolversystem“). Bei der quantitativen Analyse sowie der ZAF-Korrektur gelten die gleichen Aussagen, wie sie beim Verfahren ↗EDX beschrieben worden sind. Auf Grund der sehr guten Energieauflösung von ca. 7 bis 10 eV erhält man im Gegensatz zu ↗EDX eine sehr gute Trennschärfe benachbarter Linien (vgl. Applikationsbeispiel).

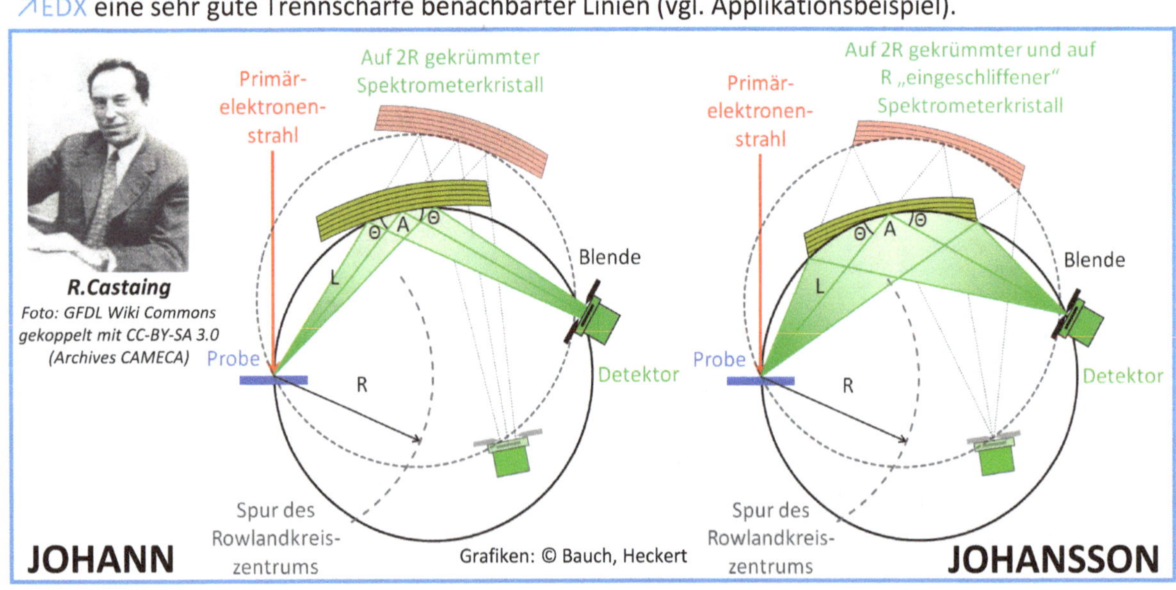

Leistungsprofil und -grenzen:

- Ortsauflösung: typisch besser als 1 µm im ↗REM, besser als 2 nm im ↗TEM
- Energieauflösung 7 bis 10 eV (wesentlich besser als bei ↗EDX, dort ca. 120 bis 130 eV)
- Nachweis von allen Elementen außer Wasserstoff, keine Verbindungen
- Nachweisgrenze ca. 0,001 %, für leichte Elemente schlechter
- Anforderungen für eine exakte Quantifizierung: homogen durchmischte, ebene Probe, laterale Ausdehnung dieses Gebietes beim ↗REM > 3 µm, beim ↗TEM > 3 nm
- Genauigkeit der Quantifizierung 1 bis 2 % (bei leichten Elementen geringer)

Probenpräparation:

- Einfach, auf Vakuumtauglichkeit achten

Instrumentierung und Beispiele:

- Linearspektrometer (Abnahmewinkel konstant) mit Steuerung
- Detektoren: meist Gasproportionalzählrohre folgender Art:" Sealed" (SPC) für höherenergetische Röntgenlinien und „Flow" (FPC) für niederenergetische Röntgenlinien; auch Szintillationszähler
- ↗REM oder ↗TEM oder Elektronenstrahlmikrosonde erforderlich

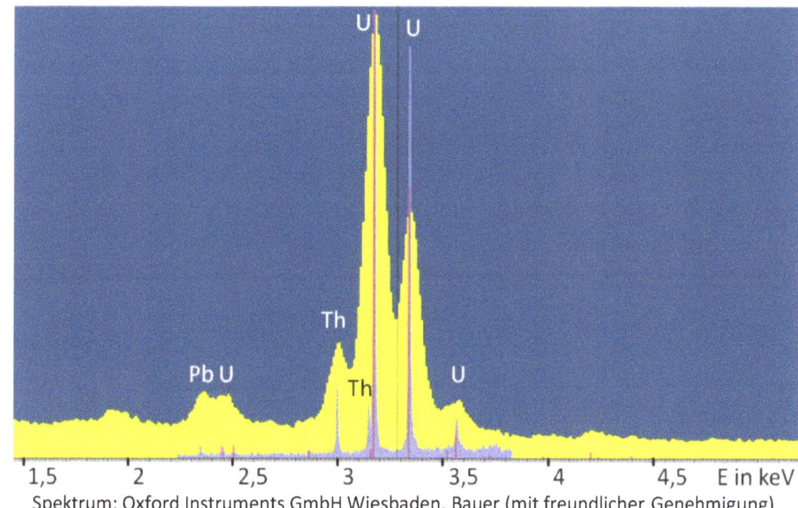

Spektrum: Oxford Instruments GmbH Wiesbaden, Bauer (mit freundlicher Genehmigung)

Superposition eines WDX- (hellblau) und eines EDX-Spektrums (gelb) des Minerals Uraninit im Mikroquartzdiorit aus einer geothermalen Tiefenbohrung (3440 m) bei Bad Urach.
Der Vergleich zeigt die mangelnde Trennschärfe von ↗EDX infolge der schlechteren Energieauflösung von nur 120 bis 130 eV.

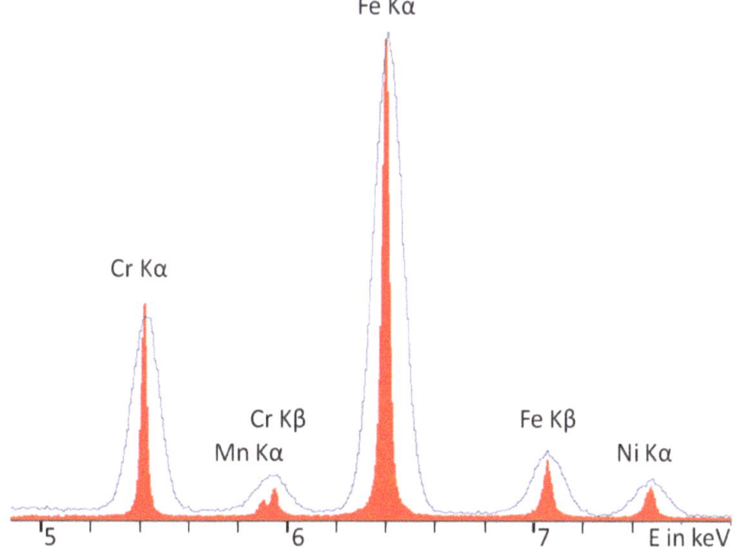

Superposition eines WDX- und eines EDX-Spektrums (rote diskrete Linien bzw. blaue Kurve) von rostfreiem Stahl.
Der Vergleich zeigt wiederum die mangelnde Trennschärfe von ↗EDX infolge der niedrigeren Energieauflösung.

Spektrum:
AMETEK GmbH, Geschäftsbereich EDAX (mit freundlicher Genehmigung)

ED-RFA / WD-RFA - Röntgenfluoreszenzanalyse

ED-XRF / WD-XRF - X-ray Fluorescence Spectroscopy

Anwendungen:

- Schnelle, zerstörungsfreie qualitative und/oder quantitative Multielementanalyse von Metallen, Gläsern, Keramiken, Baustoffen (z.B. Zement), Schmierstoffen, Mineralölprodukten, Flugaschen, Böden, Klärschlämmen, Verbrennungsrückständen, Farben, Erzen, Aufschlüssen u.v.a.m.
- Nachweis von geringen Verunreinigungen mit hoher Ordnungszahl (z.B. Schwermetalle)
- Klassifizierung künstlicher Mineralfasern (Bestimmung des Kanzerogenitätsindex)
- Charakterisierung von festen und flüssigen Proben; keine Phasenanalyse (Abgrenzung zur ↗XRD)
- Schichtdickenanalytik (µ-RFA) und forensische sowie archäologische Analysen und Anwendungen in der Kunst (z.B. Restaurierungsarbeiten, Echtheitsprüfung)

Funktionsprinzip:

Die Röntgenfluoreszenzanalyse ist eine zerstörungsfreie Methode zur qualitativen und/oder quantitativen Multielementanalyse, deren Entwicklung auf Arbeiten von R. GLOCKER und G. v. HEVESY in den 1920er Jahren zurückgeht. Sie nutzt die von einem Festkörper infolge der Anregung mit polychromatischer Röntgenstrahlung emittierte Fluoreszenz. Hierbei werden Elektronen aus kernnahen Energieniveaus auf äußere Schalen angehoben und die so entstandene Lücke durch ein Elektron aus einem höheren Niveau aufgefüllt. Der Festkörper gibt dabei ein Röntgenquant genau derjenigen Energie ab, die der Differenz der beteiligten Energieniveaus entspricht und für jedes Element gemäß des Moseley'schen Gesetzes charakteristisch ist. Bei der Röntgenfluoreszenzanalyse werden grundlegend zwei Spektrometertypen unterschieden. Im Falle der energiedispersiven Variante (ED-RFA, vgl. ↗EDX) wird die von der Probe emittierte Strahlung vorzugsweise mittels Halbleiterdetektoren detektiert (Si[Li]- oder Silicon-Drift-Detektor SDD). Die Intensität der einzelnen Fluoreszenzlinien wird dabei gegen die Energie aufgetragen und in einem Spektrum dargestellt. Die wellenlängendispersive Verfahrenstechnik (WD-RFA, vgl. ↗WDX) hingegen separiert die charakteristische Strahlung der in der Probe enthaltenen Elemente sequentiell oder simultan mittels geeigneter Analysatorkristalle (z.B. LiF mit d_{200} = 0,201 nm) in Abhängigkeit ihrer Wellenlänge und registriert deren Intensität dabei mit Hilfe von Szintillationszählern (z.B. NaI-Kristall mit Tl dotiert) oder Proportionalzählrohren (für leichtere Elemente). Bei beiden Systemen wird beim Auftreffen eines Röntgenquants ein elektrischer Impuls im Detektor erzeugt. Die Stärke dieses Impulses ist hierbei proportional zur Energie des Röntgenquants. Dieses Signal wird im Zuge der Detektion verstärkt, gezählt und durch die Auswerteelektronik in ein Spektrum umgewandelt. Die Bestimmung der Elementintensität erfolgt bei ED-RFA über die Signalfläche, bei WD-RFA über die Signalhöhe.

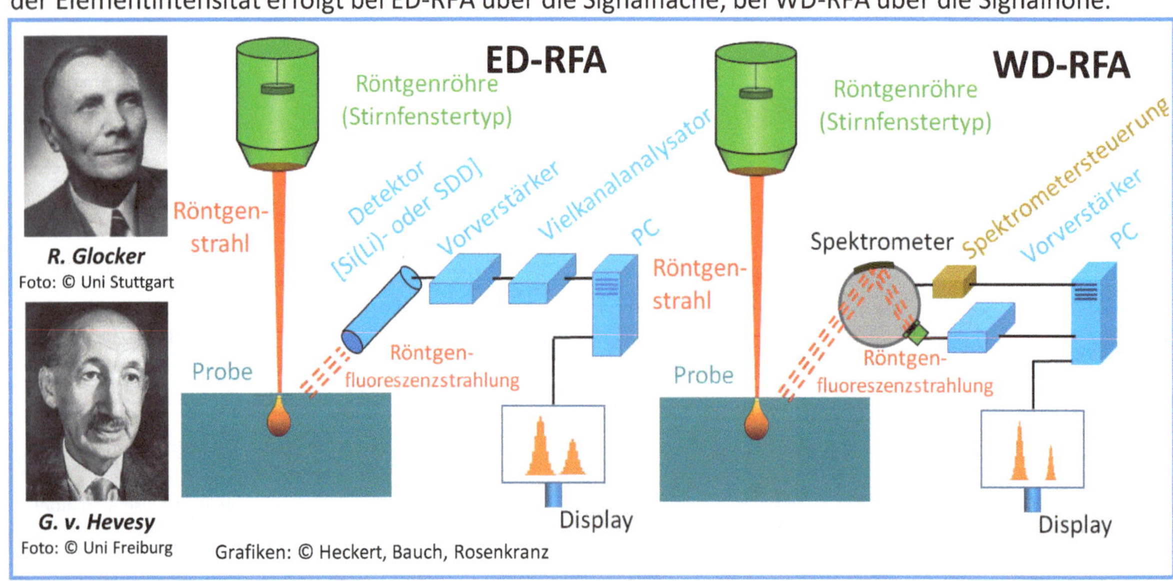

R. Glocker Foto: © Uni Stuttgart

G. v. Hevesy Foto: © Uni Freiburg

Grafiken: © Heckert, Bauch, Rosenkranz

Leistungsprofil und -grenzen:

- Multielementanalyse ab Z = 5 (Bor), vernünftig ab ca. Z = 9 (Fluor)
- Nachweisgrenze: bis zu ca. 1 ppm, stark geräte-, proben- und matrixabhängig (bei leichten Elementen erheblich schlechter, typ. > 100 ppm)
- Energieauflösung (stark geräteabhängig): ca. 120 bis 600 eV (ED-RFA), ca. 5 bis 20 eV (WD-RFA)
- Ortsauflösung/Spotgrößen: einige Mikrometer bis einige Millimeter
- Abgeleitete Spezialmethoden: µ-RFA (µ-XRF), ↗TXRF (inkl. AR-TXRF), GI-RFA (GI-XRF, vgl. ↗TXRF)

Probenpräparation:

- Einfach (möglichst auf Homogenität des Untersuchungsbereiches achten), ggf. Verwendung von Standardpräparationsmethoden (Schmelzaufschlüsse, Pulverpresslinge usw.)

Instrumentierung und Beispiel:

- Si(Li)-Detektor (lithiumgedrifteter Siliziumdetektor), gekühlt mit flüssigem Stickstoff oder SDD (Siliziumdriftdetektor), gekühlt mit einem Peltierelement (ED-RFA)
- Szintillationszähler (z.B. NaI-Kristall, Tl dotiert) oder Proportionalzählrohre (für leichtere Elemente)
- Einsatz von Primärstrahlfiltern (Verbesserung des Signal-Rausch-Verhältnisses, Herausfiltern von Röhrenlinien usw.) und/oder Polykapillaroptiken zur Strahlformung und Verbesserung der Ortsauflösung („µ-RFA")
- Bei portablen Geräten auch Anregung mittels Radionukliden möglich
- Gerätetechnische Ausführungsformen: Einzweck-Laboranlagen, mobile Geräte („Handheld"-Spektrometer), integrierte Systeme (z.B. Einbau ins ↗REM) und Automation („Inline-Analytik")
- Quantitative Analysen erfolgen mittels Kalibriergeraden (Stichwort: vergleichende Methode), welche die gemessene Intensität eines jeden Elementes mit dessen Konzentration in der Probe in Korrelation setzt. Dabei ist die Kalibrierung jedoch weitestgehend auf einen durch die Standardmaterialien vorgegebenen Konzentrationsbereich begrenzt. Die Verwendung sogenannter Fundamentalparameter-Methoden erlaubt die Erweiterung des (semi-)quantitativ analysierbaren Konzentrationsbereiches und somit die Untersuchung gänzlich unbekannter Materialien.

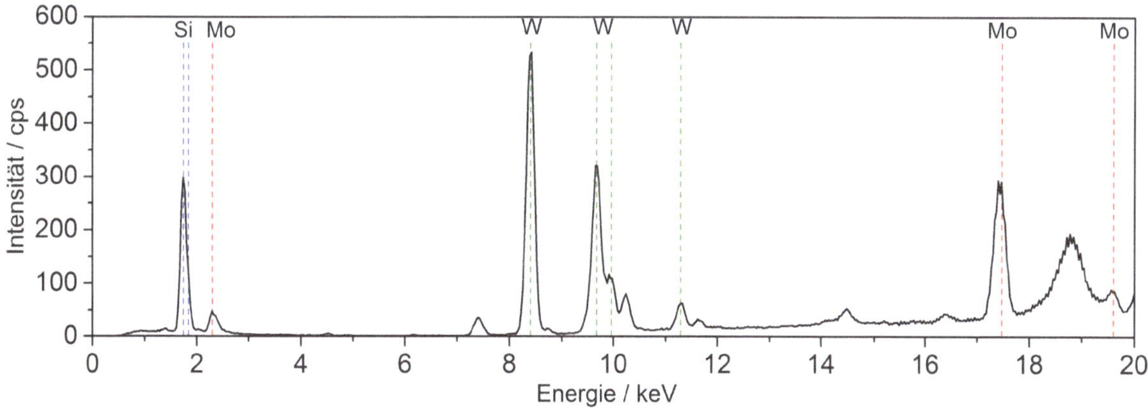

Spektrum: IFW Dresden, SAWLab Saxony, Turnow

Gemessenes ED-RFA-Spektrum einer Wolfram-Molybdän-Mischschicht auf einem Silizium-Substrat für Hochtemperatur-Oberflächenwellen-Bauelemente
(Nominelle Schichtdicke 200 nm, Anregung mittels Rhodium-Röhre, 50 kV, Messung im Feinvakuum für besseres Signal der leichten Elemente, Peak bei 7,4 keV ist durch einen Nickel-Schwächungsfilter bedingt; bei geeigneter Kalibrierung simultane Bestimmung der Schichtdicke und Zusammensetzung möglich)

TXRF - Totalreflexions-Röntgenfluoreszenzanalyse

TXRF - Total Reflection X-ray Fluorescence Spectroscopy

Anwendungen:

- Schnelle quantitative und halbquantitative Multielementanalyse von Partikeln verschiedenster Art, Suspensionen, flüssigen Proben und an dünnen Schichten mit (meist) internen Standards
- Bestimmung von Metallkontaminationen auf Wafern der Mikro- und Nanoelektronik
- Qualitative Unterscheidung von Oberflächenrauheiten
- Weitere Anwendungen im Umweltbereich (z.B. Stäube, Aerosole), in der Forensik (z.B. Schmauchspuren), in der Medizin (z.B. Spurenelemente in Körperflüssigkeiten und Geweben) und Kosmetik (z.B. Cremes, Puder, Pigmente) sowie Pharmazie und Reinststoffanalytik

Funktionsprinzip:

Die Totalreflexions-Röntgenfluoreszenzanalyse ist eine energiedispersive, zerstörungsfreie Methode zur Multielementanalyse; in der Halbleiterindustrie typischerweise zur Bestimmung von Metallkontaminationen auf Waferoberflächen genutzt. Dabei trifft die zur Fluoreszenzanregung verwendete, monochromatische und parallelisierte Röntgenstrahlung unterhalb des Grenzwinkels der Totalreflektion, typischerweise in einem Winkelbereich von ca. 0,04° bis 0,12°, auf die Probenoberfläche bzw. einen optisch polierten Probenträger (z.B. Quarz oder Saphir). Die Eindringtiefe beträgt nur wenige Nanometer, so dass extrem oberflächennahe Bereiche untersucht werden können. Die anregende Strahlung wird fast vollständig reflektiert und der einfallende sowie reflektierte Strahl regen die Probe mit einer sehr hohen Ausbeute zur Fluoreszenz an. Die Fluoreszenzstrahlung kann qualitativ und quantitativ von einem energiedispersiven Detektor (Si[Li] oder peltiergekühltem SDD) detektiert werden. Winkelaufgelöste Messungen sind ebenfalls durchführbar (AR-TXRF).

Moderne TXRF-Geräte verfügen häufig über die zusätzliche Möglichkeit, Einstrahlwinkel auch oberhalb des Grenzwinkels der Totalreflexion einzustellen (bis zu Werten von ca. 0,6°). Auf diese Weise wird eine Fluoreszenzanalyse mit streifendem Einfall (GI-XRF - Grazing Incidence X-ray Fluorescence) ermöglicht. Dabei steigt die Informationstiefe schlagartig auf einige Mikrometer an, wodurch sich insbesondere in der Halbleiterindustrie sehr gute Anwendungen zur Bestimmung von Schichtdicken und Implantationsprofilen (fast nur im Reinraum) ergeben.

Eine zu TXRF komplementäre, allerdings zerstörende Methode ist VPD-ICP-MS (Vapor Phase Decomposition - Inductively Coupled Plasma - Mass Spectrometry).

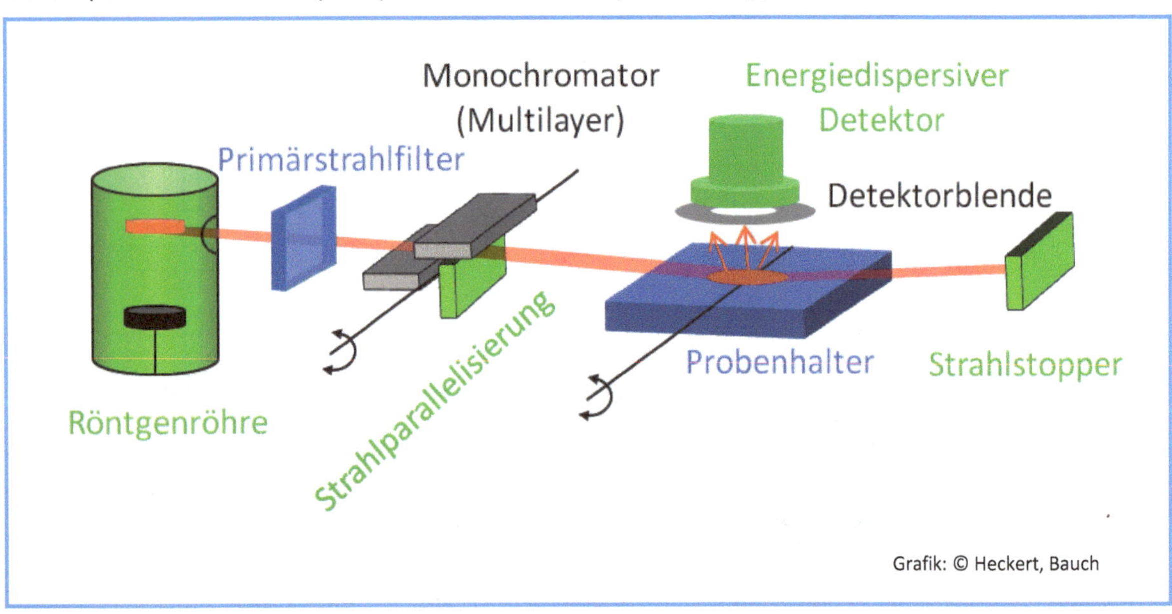

Grafik: © Heckert, Bauch

Leistungsprofil und -grenzen:

- Untersuchung oberflächennaher Bereiche bis ca. 4 nm (im GI-XRF-Mode bis einige μm)
- Größe der untersuchbaren Probenfläche typisch im Bereich 0,1 bis 1 cm^2
- Bestimmung von Konzentrationen im Bereich 0,1 ppb bis 100 %
- Analytik kleinster Probenmengen bis zu wenigen ng (element- und anregungsabhängig)
- Elementbestimmung von ca. Z = 11 bis Z = 92 (stark anregungsabhängig und mit einigen wenigen Ausnahmen)
- Gute Reproduzierbarkeit der Methode (Standardabweichung besser als 5 %)

Probenpräparation:

- Einfach (ohne Präparation bzw. ggf. Eintrocknung von flüssigen Proben, Mikrowellenaufschluss oder Kaltplasmaveraschung)

Instrumentierung und Beispiel:

- Meist Tischgeräte mit energiedispersiven Detektoren, mittlerweile auch kleine Mobilgeräte

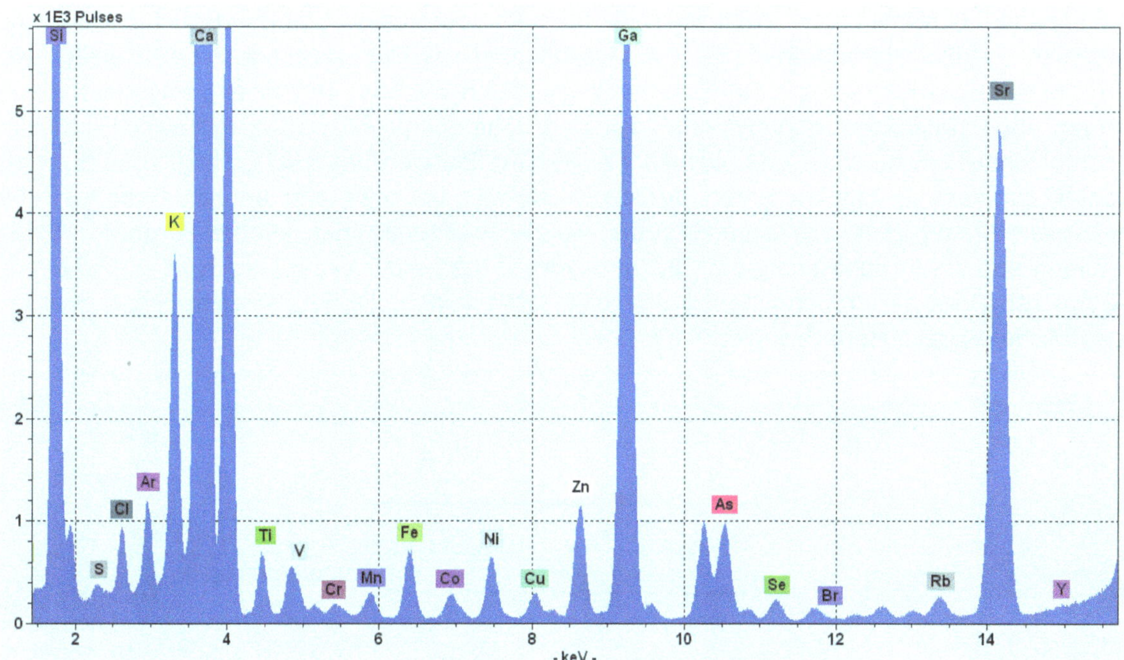

Spektrum: Fa. Bruker Nano Berlin, Stosnach

Gemessenes TXRF-Spektrum des Referenzstandards NIST 1643d (Trace Elementes in Water) mit Zugabe von Ga als internen Standard. Basierend auf einer im System abgelegten Kalibrierkurve können dann die Konzentrationen aller anderen detektierten Elemente bestimmt werden.

XPS - Röntgenphotoelektronenspektroskopie
X-ray Photoelectron Spectroscopy

Anwendungen:

- Bestimmung der chemischen Zusammensetzung der Probe, Bestimmung von Oxidationsstufen
- Bindungsverhältnisse der Probe, Aussagen über chemische Bindungen („chemical shift")
- Elektronische Struktur von Grenz- und Oberflächen, Bandstrukturbestimmung
- Bestimmung von Schichtdicken über die Annahme von Absorptionslängen (Länge, innerhalb der die Intensität auf 1/e gesunken ist) mittels AR-XPS (AR-XPS, winkelaufgelöste XPS = Variation des Abnahmewinkels der Photoelektronen)
- Untersuchung von Halbleitern (auch Wafern), Metallen, Isolatoren (dünne Schichten), Keramiken, Supraleitern (Zustandsdichten), Oxiden (Segregation, Oberflächenzustände) und Polymeren
- Koppelbar mit Ionensputtern (Edelgasionen 200 eV bis ca. 5 kV) zur Oberflächenreinigung und Tiefenprofilanalyse (zerstörend); Tiefenprofilanalyse mittels AR-XPS (nicht zerstörend)

Funktionsprinzip:

Das physikalische Prinzip der XPS beruht auf dem äußeren photoelektrischen Effekt (H. HERTZ 1887, W. HALLWACHS 1904 und A. EINSTEIN 1905). Durch Bestrahlung der Probenoberfläche mit elektromagnetischen Wellen (hier monochromatischer Röntgenstrahl mit variabler Spotgröße), deren Energie hf größer als die Austrittsarbeit W_{AP} der Probe ist, werden Elektronen aus besetzten Anfangszuständen ins Vakuum emittiert und es entsteht ein ionisierter Endzustand. Aus oberflächennahen Bereichen der Probe werden diese Photoelektronen emittiert und mittels einer speziellen Spektrometeranordnung (s. Bild nächste Seite) energiedispersiv detektiert. Quellenseitig wird vorzugsweise Mg-Kα- oder Al-Kα-Strahlung (1253,6 eV bzw. 1486,6 eV) eingesetzt. Häufig werden auch „Dual-Anoden" verwendet. Für den höherenergetischen Bereich eignen sich auch Synchrotronquellen hervorragend. Gemäß der Gesamt-Energiebilanz ${}^{Spektro}E_{kin}$ = hf - ${}^{Fermi}E_B$ - W_{AS} (Kontaktspannung des Spektrometers berücksichtigt) wird bei bekannter Anregungsenergie sowie Austrittsarbeit W_{AS} des Spektrometers die kinetische Energie der Photoelektronen ${}^{Spektro}E_{kin}$ bestimmt und die Bindungsenergie ${}^{Fermi}E_B$ (bezogen auf das Ferminiveau) berechnet (s. Bild unten). Die Austrittsarbeit des Probenmaterials W_{AP} spielt somit keine Rolle. W_{AS} ist leicht bestimmbar und liegt üblicherweise im Bereich von ca. 5 eV.

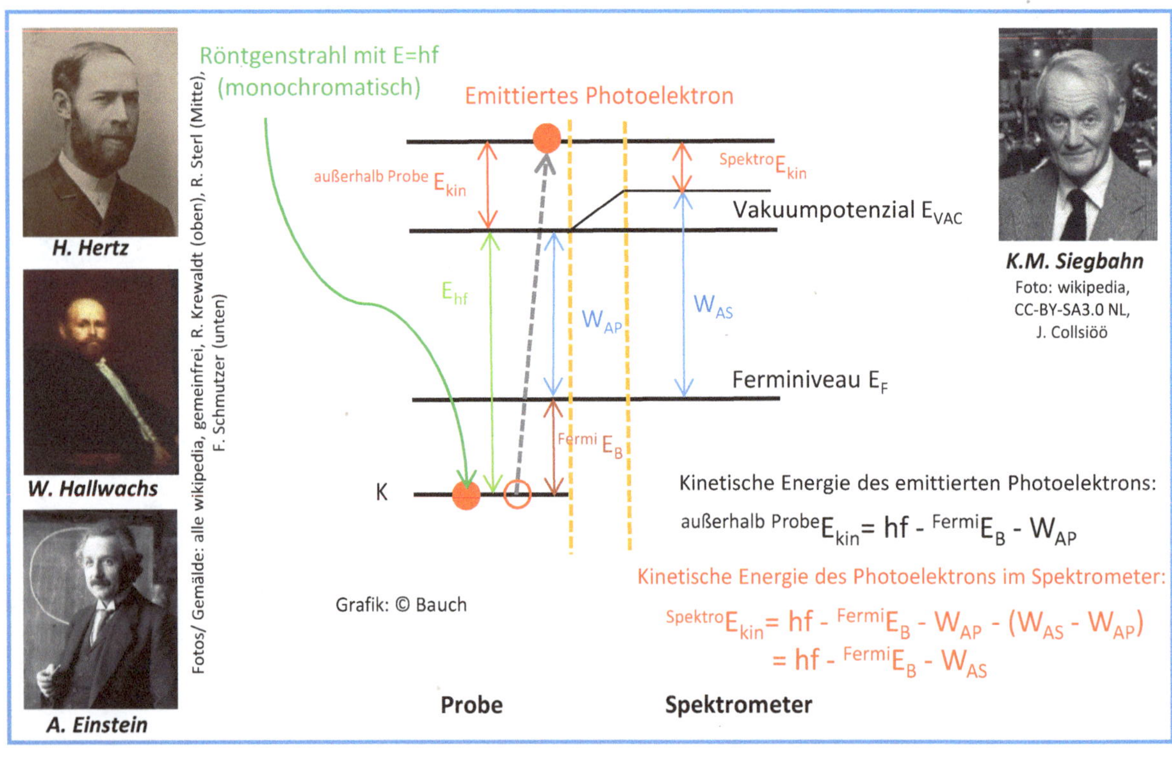

Leistungsprofil und -grenzen:

- Analysiert werden die Elektronen ohne Energieverlust und deren freie Weglängen (energieabhängig), die im Bereich einiger nm liegen.
- Informationstiefe ca. 0,5 bis 5 nm, d.h. wenige Atomlagen, abhängig von der Anregungsenergie und bei AR-XPS vom Winkel zwischen Detektor und Probe α_{DP} (mit α_{DP} steigt Informationstiefe)
- Ultrahochvakuum (UHV, mind. 10^{-7} Pa) erforderlich
- Kein direkter Nachweis von H und He (geringer Wirkungsquerschnitt)
- Nachweisgrenze (semiquantitativ) 0,1 bis 1 At.-% (elementabhängig)
- Multipoint-, Small Area- und Line Scan-Analyse möglich (laterale Auflösung zwischen 10 µm und 1 mm, geräteabhängig), Untersuchung von Isolatoren möglich, geringe Probenschädigung

Probenpräparation:

- Probenpräparation sinnvollerweise oft an UHV gekoppelt ("integrierte UHV-Systeme"), danach hochreine Präparation (Sputtern, Spalten usw.), adsorbatfreie Oberfläche
- Für Tiefenprofilanalyse ebene Probenoberfläche erforderlich

Instrumentierung und Beispiel:

- Monochromatische Röntgenquelle (vorzugsweise Al-Kα- und Mg-Kα-Strahlung) oder Synchrotron

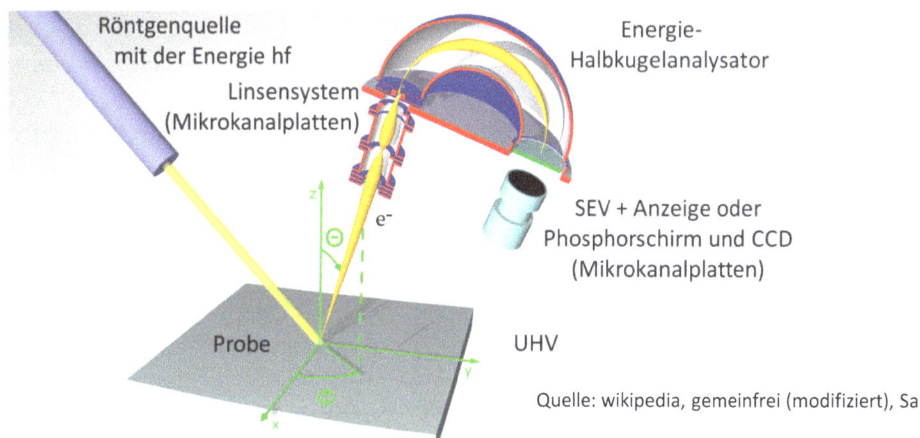

Typischer Aufbau eines XPS- bzw. AR-XPS-Systems (Die 2D-Mikrokanalplatten dienen in der AR-XPS der parallelen Erfassung winkelaufgelöster Daten.)

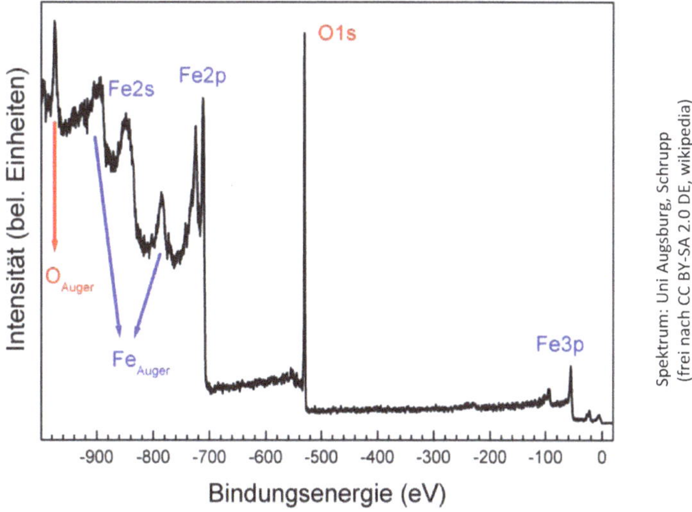

XPS-Spektrum von Magnetit (Fe_3O_4), Auftragung der Intensität (Zählrate) über die Bindungsenergie der spektroskopierten Photoelektronen (Röntgenquelle Al-Kα)

EXAFS / XANES - Röntgenabsorptionsspektroskopie

EXAFS - Extended X-ray Absorption Fine Structure

XANES - X-ray Absorption Near Edge Structure

Anwendungen:

- Abstand, Art und Anzahl (Koordinationszahl) der Nachbaratome (chemische Nahordnung)
- Untersuchung eines Elements in Molekülen, Flüssigkeiten und Festkörpern (bei leichten Elementen vorzugsweise XANES, da Kanten sehr nahe zusammenliegen)
- Chemische Speziesanalyse an Umweltproben, Strukturaufklärung (besonders an metall. Gläsern)
- Strukturaufklärung um Metallzentren in Proteinen und anderen Biomolekülen („BioEXAFS")
- Untersuchung unbesetzter Elektronenzustände; als „Fingerprint"-Methode einsetzbar (XANES)
- Valenz- und/oder chemischer Zustand (oxidisch oder metallisch) der untersuchten Atome (XANES)

Funktionsprinzip:

Wesentliche Wegbereiter von EXAFS waren H. FRICKE 1920 (erstes Spektrum), R. KRONIG 1931 (erste Theorie), W. KOSSEL 1920 (XANES) und ab den 1950er Jahren L.G. PARRATT sowie D.E. SAYERS u.a. 1971 (Grundlagen für heutige Auswertung). Röntgenabsorptionsspektren zeigen auf einem stetig abfallenden Untergrund bei elementspezifischen Energien Stufen, an denen der Absorptionskoeffizient (μd) abrupt ansteigt. Ursache hierfür ist, dass nur Röntgenphotonen mit einer Energie, die höher ist als die Bindungsenergie eines Elektrons, absorbiert werden können. Dabei wird das Elektron bis ins Kontinuum angeregt und verlässt das Absorberatom als Photoelektron. Oberhalb der Absorptionskanten wird eine periodische Modulation des Absorptionskoeffizienten bis zu etwa 2000 eV (Röntgenabsorptionsfeinstruktur EXAFS) beobachtet. Sie wird durch die Wechselwirkung des Photoelektrons mit den umgebenden Atomen verursacht. Die auslaufende Elektronenwelle wird an den benachbarten Atomen zurückgestreut und interferiert dabei mit sich selbst. Abhängig von der Energie des Photoelektrons (Differenz zwischen der Energie des absorbierten Photons und der Bindungsenergie des Elektrons), ändert sich die Wellenlänge der Elektronenwelle. Tritt am Ort des Absorberatoms konstruktive Interferenz auf, findet man ein Maximum des Absorptionskoeffizienten, bei destruktiver Interferenz ein Minimum (Spektrum liefert dann Informationen über den Abstand, die Art und Anzahl der Nachbaratome eines Absorberatoms). Die Oszillationen im unmittelbaren Kantenbereich (0 bis 30 eV oberhalb der Kante) unterscheiden sich von den beschriebenen EXAFS-Oszillationen durch höhere Amplituden und Frequenzen (X-ray Absorption Near Edge Structure XANES bzw. NEXAFS). Dieser Bereich wird meist für "Fingerprint"-Analysen ausgenutzt.

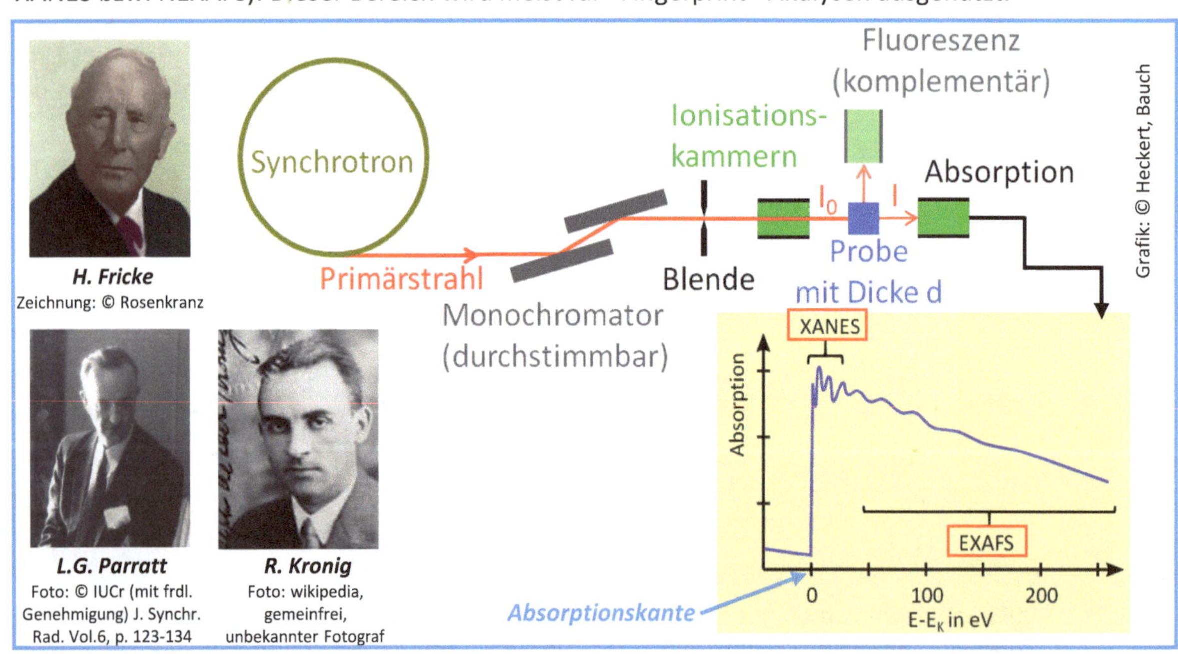

H. Fricke
Zeichnung: © Rosenkranz

L.G. Parratt
Foto: © IUCr (mit frdl. Genehmigung) J. Synchr. Rad. Vol.6, p. 123-134

R. Kronig
Foto: wikipedia, gemeinfrei, unbekannter Fotograf

Leistungsprofil und -grenzen:

- Im Gegensatz zur Beugung keine Kristallinität erforderlich (Untersuchung praktisch aller Proben, auch Flüssigkeiten und Gase)
- Ortsaufgelöste Messungen: Bulk (Bereich von mm^3), Mikrountersuchungen (Bereich von μm^3)
- EXAFS: bei ca. 30 eV oberhalb der Absorptionskante beginnend und dann bis ca. 2000 eV
- Bei EXAFS Vorabinformation über die Probe erforderlich (z.B. Summenformel, Strukturmodell)
- XANES: im Bereich unmittelbar oberhalb der Kante beginnend und dann bis ca. 30 eV
- XANES-Signal intensiver als EXAFS-Signal

Probenpräparation:

- Sehr einfach, Pulverproben z.B. als Presslinge
- Flüssigkeits- bzw. Gaszellen mit geeignet dünnen Fenstern
- In-situ-Experimente in geschlossen Probenzellen (z.B. Kapton als Fenstermaterial)
- Dicke und Homogenität der Proben wichtig

Instrumentierung und Beispiele:

- Die Methode ist praktisch nur unter Verwendung von Synchrotronstrahlung sinnvoll betreibbar.
- Sehr einfacher experimenteller Aufbau
- Stabiler, durchstimmbarer Röntgen-Monochromator erforderlich
- Detektoren: Ionisationskammern, energiedispersive HPGe-, SDD- oder PIPS-Detektoren

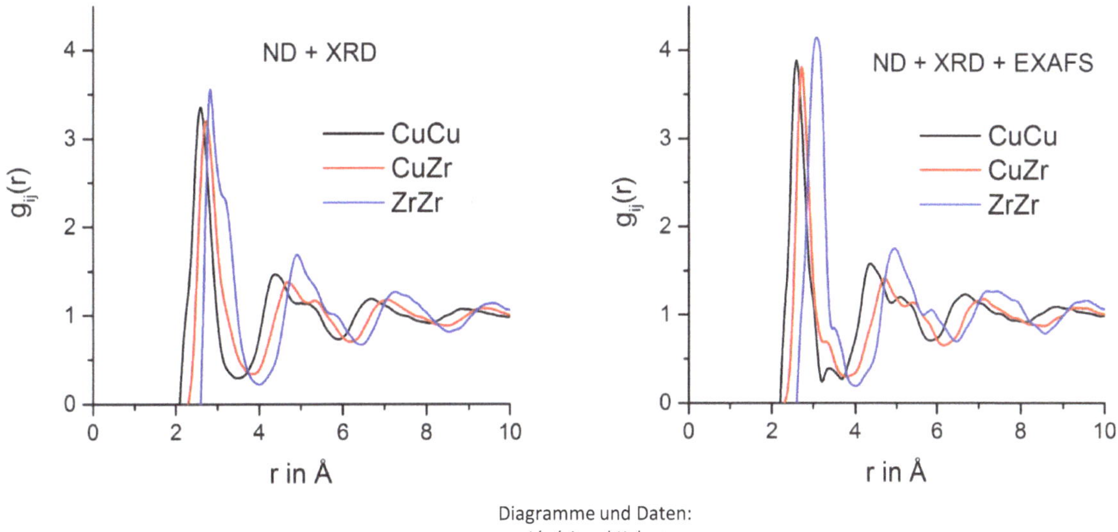

Diagramme und Daten:
Jóvári und Kaban

Partielle Paarverteilungsfunktionen $g_{ij}(r)$ für das metallische Glas $Cu_{65}Zr_{35}$, die mittels umgekehrter Monte-Carlo-Simulation unter Anwendung der experimentellen Röntgenbeugung (XRD), der Neutronenbeugung (ND) und EXAFS-Daten modelliert worden sind.
Das linke Teilbild zeigt die modellierten $g_{ij}(r)$-Kurven, die ausschließlich durch die Simulation der Beugungsdaten (ND+XRD) gewonnen wurden, die für die eindeutige Separation der drei partiellen Paarverteilungsfunktionen nicht ausreichend sind.
Das rechte Teilbild verdeutlicht, dass erst die Kombination von ND+XRD mit zusätzlich experimentell bestimmten EXAFS-Daten an der Cu- und Zr-K-Absorptionskante die Auflösung der Paarverteilungsfunktionen von CuCu, CuZr und ZrZr ermöglicht.

AES - AUGER-Elektronenspektroskopie

AES - AUGER Electron Spectroscopy

Anwendungen:

- Chemische Analysen mit sehr hoher lateraler und Tiefenauflösung
- Untersuchung von Oberflächen- und Grenzflächenphänomenen
- Analyse dünner Schichten in der Halbleiterindustrie (Tiefenprofile)

Funktionsprinzip:

P. AUGER entdeckte 1926 den nach ihm benannten Auger-Effekt. Dabei handelt es sich um einen strahlungslosen Übergang in der Elektronenhülle eines Atoms. Der Effekt wurde bereits 1922 von L. MEITNER beschrieben, weshalb neuere Publikationen auch vom Auger-Meitner-Effekt sprechen.
Das Atom muss zunächst ein Elektron durch Wechselwirkung mit einem Photon (Röntgen- oder UV-Strahlung) oder durch Beschuss mit Elektronen ausreichender Energie verlieren. Das freigewordene Energieniveau wird aus energetischen Gründen sofort von einem Elektron eines höheren Niveaus eingenommen. Die dabei freiwerdende Energie kann als charakteristische Röntgenstrahlung abgegeben oder auf ein weiteres, schwach gebundenes Elektron übertragen werden, welches emittiert wird. Die kinetische Energie dieses Auger-Elektrons wird durch die drei am Prozess beteiligten Energieniveaus bestimmt, die für jedes Element andere Werte haben, so dass man aus der Energie des Auger-Elektrons eindeutig auf das emittierende Atom schließen kann. Als Spektrometer kommen Zylinderspiegelanalysatoren oder sphärische Analysatoren zum Einsatz, in welchen die Elektronen mit elektrischen Feldern abgelenkt werden. Durch Variation der Feldstärke erreicht man, dass nur Elektronen eines sehr engen Energiebereichs auf den Detektor gelangen. Bei den meisten Anlagen wird zur Anregung ein Primärelektronenstrahl bis etwa 3 kV genutzt. Trägt man die Intensität der gemessenen Elektronen gegen ihre Energie auf, so überlagert das große Signal der Sekundärelektronen das vergleichsweise schwache der Auger-Elektronen. Abhilfe schafft die Aufnahme der Spektren mit einem Lock-in-Verstärker, was mathematisch der ersten Ableitung der Intensität nach der Energie entspricht (dN(E)/dE). Diese Darstellung hat zudem den Vorteil, dass sich aus der Höhe der Peaks direkt auf den Anteil des jeweiligen Elements in der Probe schließen lässt. Neuere Anlagen sind mit einem ↗REM kombiniert, so dass sich auch Elementverteilungsbilder aufnehmen lassen (Scanning Auger Microscopy).

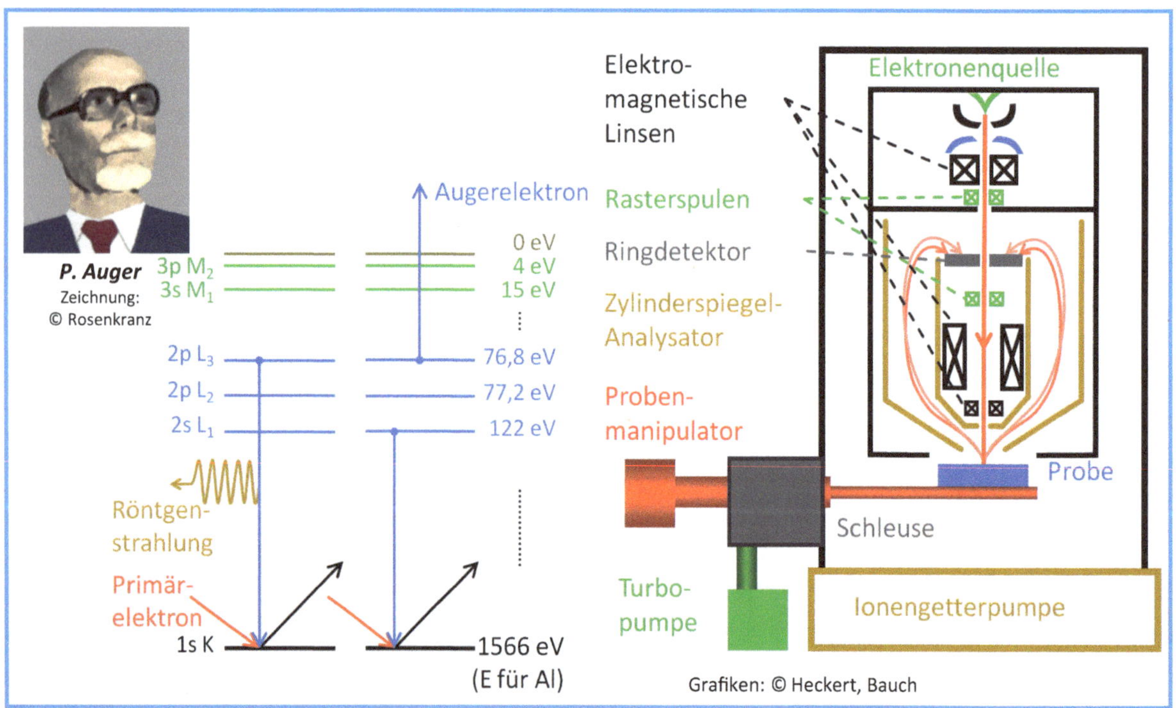

Leistungsprofil und -grenzen:

- Bestimmung aller chemischen Elemente außer H und He
- Laterale Auflösung 10 bis 30 nm
- Tiefenprofile der Elementverteilung durch lokale, schrittweise Abtragung der Probe mit Ionenstrahl
- Extrem oberflächensensitiv (oberste 2 bis 15 Atomlagen, entspricht 1 bis 3 nm)
- Nachweisgrenze: 0,1 bis 1 At.-%
- Genauigkeit der Konzentrationsbestimmung: 10 bis 50 %, je nach Element

Probenpräparation:

- Kaum nötig, Oberflächen dürfen nicht behandelt werden (kein Schleifen oder Polieren)
- Nur elektrisch leitende oder halbleitende Proben

Instrumentierung und Beispiele:

- Fokussierter Elektronenstrahl mit Beschleunigungsspannung bis 3 kV
- UHV im Probenraum (Ionengetterpumpen)
- Detektoren: Zylinderspiegelanalysator oder sphärischer Analysator mit nachgeschaltetem Sekundärelektronendetektor

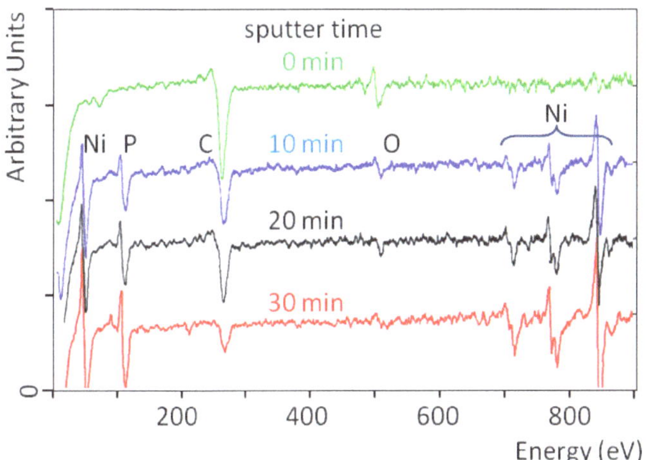

Auger-Spektren einer Ni-Oberfläche nach verschiedenen Sputterzeiten

(Erst nach 30 min Ar-Beschuss verschwindet die Oberflächenadsorption, hier CO_2. Außerdem enthält die Nickelschicht Phosphor, ein Hinweis, dass sie stromlos abgeschieden wurde.)

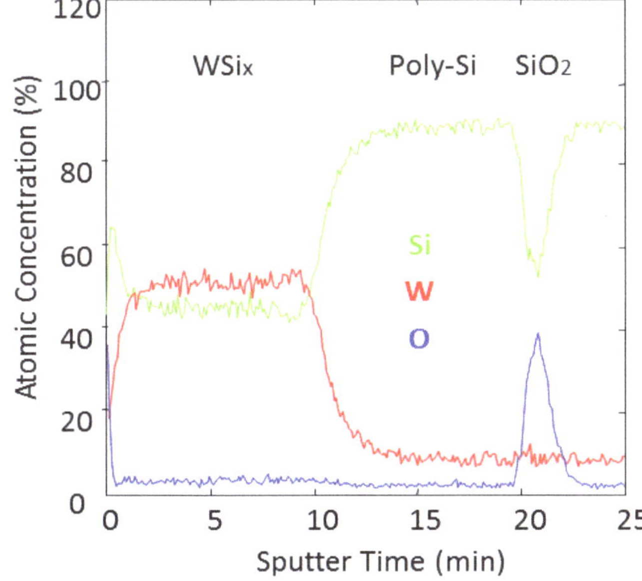

Auger-Tiefenprofil eines Schichtaufbaus Wolframsilizid-Polysilizium-Siliziumdioxid auf einem Siliziumwafer

Messungen: Rosenkranz

EELS - Elektronenenergieverlustspektroskopie

EELS - Electron Energy Loss Spectroscopy

Anwendungen:

- Bestimmung der lokalen chemischen Zusammensetzung einer Probe im Nanometerbereich
- Dünne Schichten
- Transistorstrukturen und Barriereschichten auf Halbleiterchips
- Korngrenzen und Sekundärphasen in Stählen und anderen Legierungen
- Keramiken, Magnetwerkstoffe, Hartmetalle, Katalysatoren
- Biomaterialien und biologisches Gewebe

Funktionsprinzip:

Elektronen mit Energien von ca. 10 bis zu einigen 100 keV können sehr dünne Proben (< 100 nm) durchdringen und erleiden zum Teil durch inelastische Streuung an den Elektronenhüllen spezifische Energieverluste, welche von der Zusammensetzung, von der Kristallstruktur und von den Bindungsverhältnissen im Festkörper abhängen. Sie können durch die Ionisation beim Herauslösen von Elektronen aus den Elektronenhüllen, durch Interbandübergänge (Übergang von Valenzband zum Leitungsband) oder durch Anregung kollektiver Elektronenschwingungen (Plasmonen) hervorgerufen werden. Ihre Energieverluste bei der Wechselwirkung mit den Atomkernen (elastische bzw. quasielastische Streuung) sind wegen der großen Massenunterschiede vernachlässigbar. Im EELS-Spektrum erscheinen die Energieverluste als Kanten, deren Lage charakteristisch für jedes Element ist. Diese Kanten besitzen außerdem eine Feinstruktur, die in zwei Teile unterteilt wird: den Nahkantenbereich ELNES (Electron Energy Loss Near Edge Structure) bis ca. 30 eV oberhalb der Kante und den kantenfernen EXELFS-Bereich (Extended Energy Loss Fine Structure). Deren Auswertung liefert Informationen über elektronische Zustände, Oxidationsstufen und Bindungsabstände. EELS kann in ein Transmissionselektronenmikroskop (↗TEM) implementiert werden (vgl. ↗EFTEM). Die spektrale Auflösung wird umso besser, je schmaler die Energieverteilung des möglichst monochromatischen Primärelektronenstrahles ist. Deshalb bieten sich für diese Methode besonders TEMs mit Feldemissionskathode und Monochromator an. Als Detektoren kommen sogenannte Post-Column-Filter oder In-Column-Filter zum Einsatz.

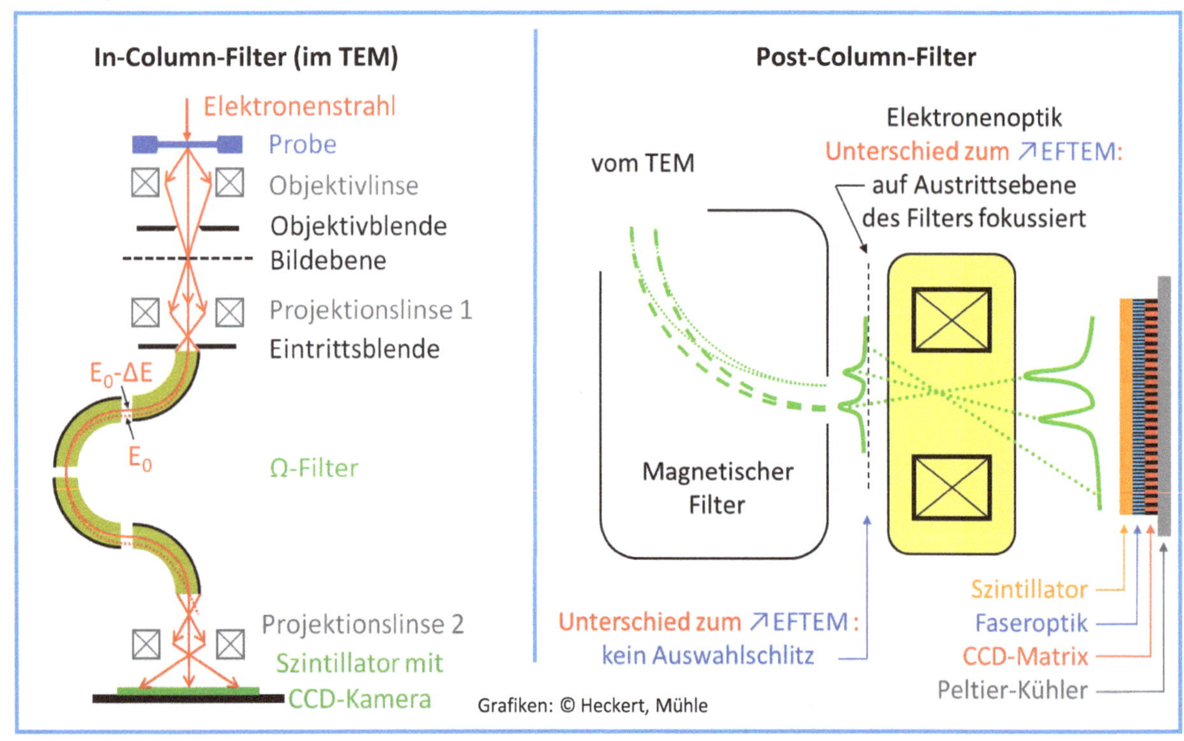

Grafiken: © Heckert, Mühle

Leistungsprofil und -grenzen:

- Laterale Auflösung: ca. 1 nm
- Nachweisgrenze: ca. 1 At.-%
- Energieauflösung: ca. 0,5 eV, bei Verwendung eines Monochromators ca. 0,15 eV
- Zeitaufwand: ca. 10 s pro Messpunkt
- Hohe Effizienz bei leichten Elementen, Übergangsmetallelementen und Seltenerdelementen
- H, He und einige schwerere Elemente von Rh bis Bi nicht immer leicht nachzuweisen

Probenpräparation:

- Aufwendig, Anforderungen übersteigen die an eine übliche Probe für die Transmissionselektronenmikroskopie (↗TEM)

Instrumentierung und Beispiel:

- In der Regel in Kombination mit einem Transmissionselektronenmikroskop (↗TEM)
- Spektrometer: Post-Column (an jedem TEM nachrüstbar) oder In-Column (Bestandteil der Elektronenoptik des TEMs)

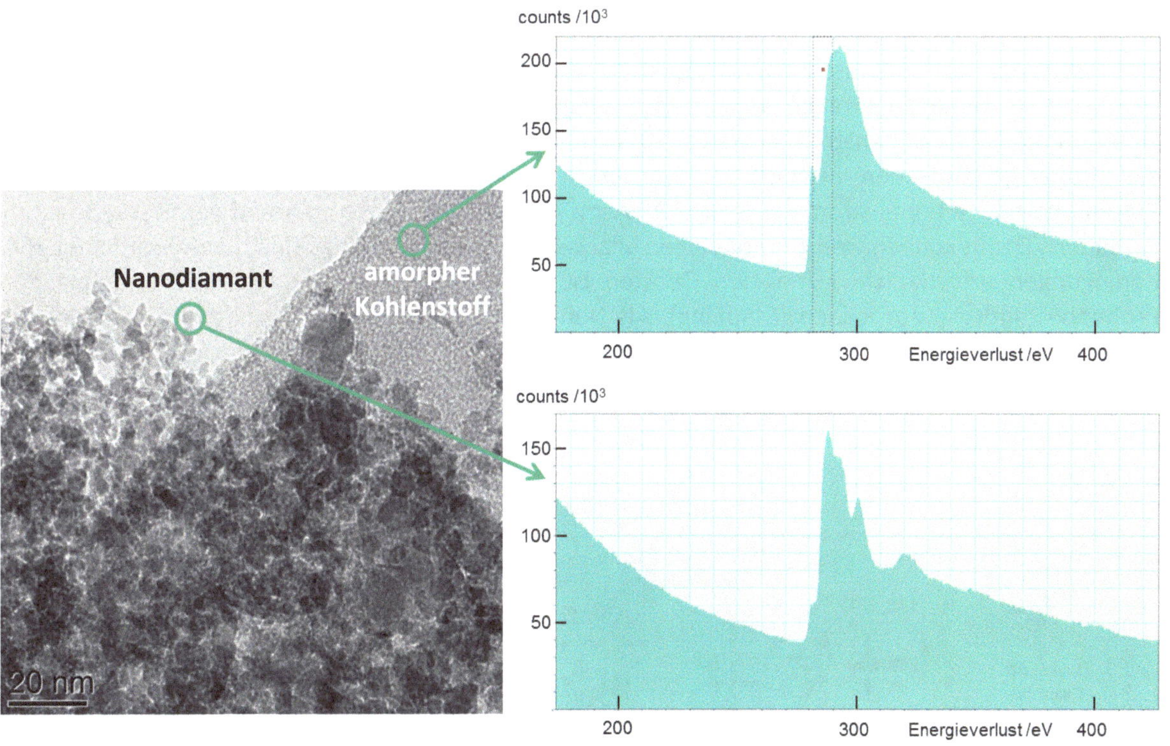

Aufnahme/Spektren: Fraunhofer IKTS, Mühle

TEM-Abbildung

Nanodiamanten auf einem amorphen Kohlenstofffilm

EELS-Spektren

Anhand der K-Kante des Kohlenstoffs kann man die kristallinen Nanodiamanten deutlich von der amorphen Kohlenstoffschicht unterscheiden

SIMS - Sekundärionen-Massenspektrometrie

SIMS - Secondary Ion Mass Spectrometry

Anwendungen:

- Bestimmung von Dotierprofilen in Halbleitern
- Analytische Chemie (chemische Beschaffenheit bei ToF-SIMS sehr gut, lange Molekülketten!)
- Herkunftsnachweis anhand von Isotopenzusammensetzungen
- Altersbestimmung von Gesteinen in Kosmologie und Geologie
- Organische und anorganische Kontaminationen auf Oberflächen

Funktionsprinzip:

Sekundärionen-Massenspektrometrie (SIMS) ist eine Technik zur Analyse der Zusammensetzung von festen Oberflächen und dünnen Schichten. Der Brite J. J. THOMSON konnte im Jahre 1910 zeigen, dass es beim Beschuss eines Festkörpers mit Primärionen (PI) zur Emission von Sekundärionen (SI) kommt. Das Verfahren zeichnet sich durch eine hohe Empfindlichkeit beim Nachweis von Spurenelementen in Festkörpern bis in den ppb-Bereich bei einer lateralen Auflösung im µm-Bereich aus. Die Probe wird mit Primärionen, häufig O_2^+, O^- oder Cs^+, aber auch Ga^+, Ar^+, Bi^+, SF_5^+, Au_3^+, Bi_3^+ oder Bi_2^{3+} beschossen. Die verwendeten Energien liegen typisch im Bereich zwischen 150 eV und 30 keV. Durch Stoßprozesse werden verschiedene Arten von Sekundärteilchen emittiert - einzelne Atome oder ganze Cluster, welche positiv bzw. negativ ionisiert oder neutral sind. Die geladenen Teilchen können durch Ablenkung in elektrischen oder magnetischen Feldern nach ihren Masse-Ladungs-Verhältnissen separiert und anschließend detektiert werden. Ist der Primärionenstrahl so intensiv, dass signifikant Material abgetragen wird, spricht man von dynamischer SIMS, welche als Ergebnis Tiefenprofile liefert (Ionenstromdichte ca. 10^{-4} Acm^{-2}). Bei der statischen SIMS ist die Anzahl der auf die Probe geschossenen Primärionen wesentlich kleiner als die Anzahl der Atome auf der Probenoberfläche (Ionenstromdichte ca. 10^{-9} Acm^{-2}). Daher wird diese während der Messung kaum verändert. Damit können wenige Monolagen analysiert werden, allerdings sind extrem saubere UHV-Bedingungen erforderlich. Mit vielen Geräten ist es auch möglich, die laterale Verteilung der Probenbestandteile abzubilden (Mapping). Als Detektoren kommen drei Grundtypen zum Einsatz: der Quadrupol-Massenanalysator, der Flugzeitmassenanalysator (ToF-SIMS) oder ein magnetischer Sektorfeldanalysator.

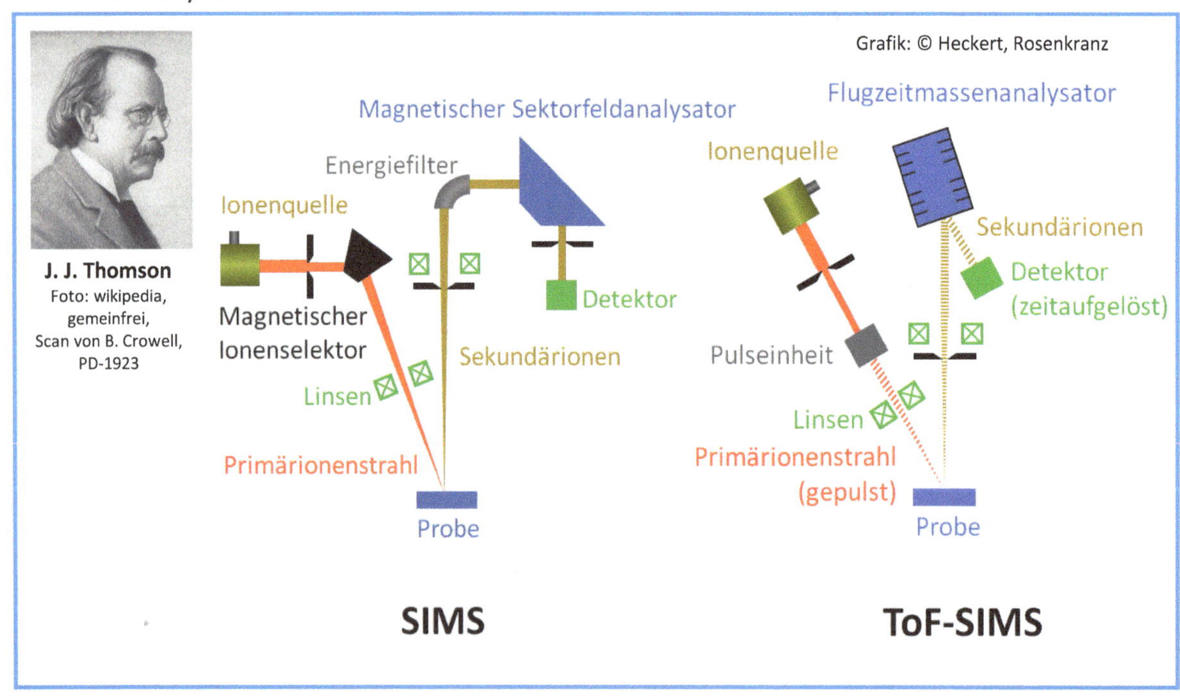

Leistungsprofil und -grenzen:

- Masseauflösung $m/\Delta m > 10000$ möglich, typisch 1 bis 5000, Trennung von Atomen und Molekülen mit gleicher Massenzahl auf Grund des relativistischen Massendefekts
- Nachweisempfindlichkeit je nach Element oder Verbindung bis zu 0,1 ppb
- Laterale Auflösung im Mikrometerbereich, bei NanoSIMS bis zu 30 nm
- Oberflächen- und Dünnfilmanalyse mit statischer SIMS
- Tiefenprofile mit dynamischer SIMS, Tiefenauflösung 1 bis 20 nm (0,5 nm bei ToF-SIMS)
- Analysierbarer Massenbereich bis 10^5 u, typisch 1 bis 500 u

Probenpräparation:

- Proben müssen sehr geringe Rauheit aufweisen (poliert)
- Schleifen, Polieren, Sägen oder ↗FIB zum Freilegen eines vergrabenen Analysegebietes
- Keine bei Untersuchung von Oberflächenphänomenen

Instrumentierung und Beispiele:

- Ultrahochvakuumkammer
- Ionenkanone (z.B. O_2^+ -Ionen für positive SI, Cs^+ für negative SI, Ar^+ für chemische Reaktionen)
- Beschleunigungs- und Fokussiereinheit für die Primärionen
- Massenanalysator für die SI (Quadrupol-, Sektorfeld- oder Flugzeitmassenanalysator)
- Elektronenmultiplier oder Channel Plate
- Probenbühne (mind. 3 Freiheitsgrade x,y,z)

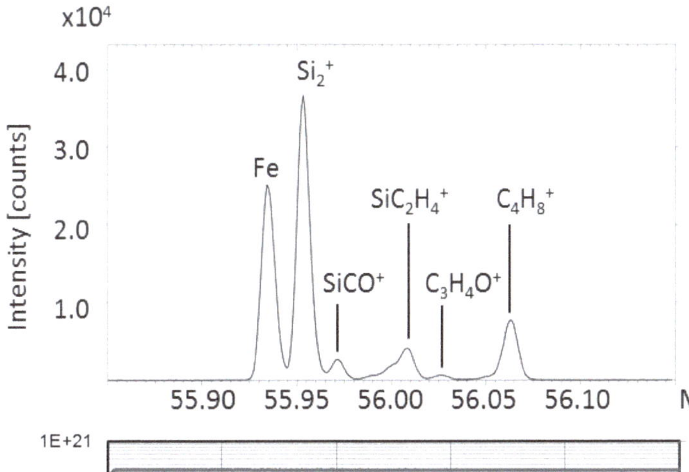

SIMS-Spektrum einer SiC-Keramik. Die Peaks von ^{56}Fe und Molekülionen gleicher Nukleonenzahl werden mühelos getrennt. Dies demonstriert den relativistischen Massendefekt und die Massenauflösung der Methode.

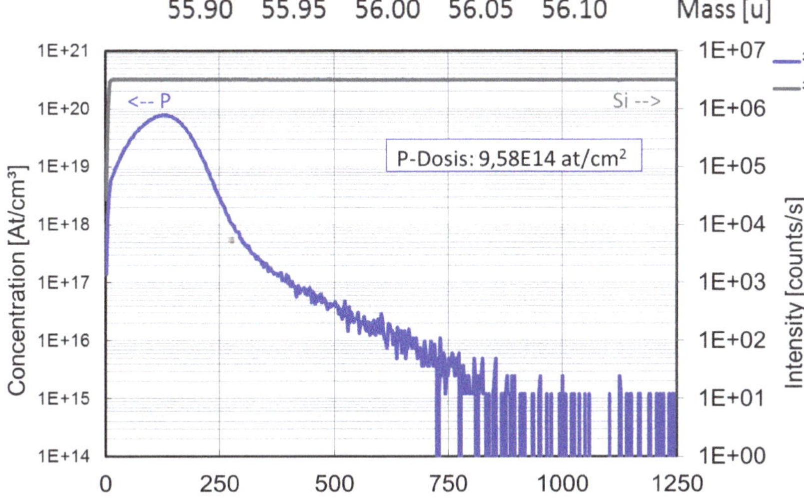

SIMS-Tiefenprofil einer P-Implantation in Silizium

Spektrum/Profil: SGS Institut Fresenius GmbH, Hortenbach

LEIS, MEIS - Ionenstrahlspektroskopie

LEIS, MEIS - Low [Medium] Energy Ion Spectroscopy

Anwendungen:

- Bestimmung der chemischen Zusammensetzung (atomare Auflösung!) von Oberflächenschichten für fast alle Elemente
- Möglichkeit der Untersuchung von ultradünnen Multischichten
- Bestimmung von Elementtiefenverteilungen mit hoher Auflösung (z.B. Implantationsprofile)
- Möglichkeit der standardfreien quantitativen Analyse ohne Matrixeffekte (im Gegensatz zu ↗SIMS und komplementär zu ↗XPS, ↗AUGER und ↗XRD)
- Analyse von Dotanden in kristallinen Halbleitern (Mikroelektronik)
- Spurenelementanalyse (z.B. bei der Analyse von Kunstgütern bzgl. Farben, Pigmenten usw.)
- Schichtdickenbestimmung (bei bekannter Dichte des Schichtmaterials)

Funktionsprinzip:

Die Analyse erfolgt durch den Beschuss der Oberfläche einer sich im Vakuum befindlichen Probe mit Ionen. Im Falle der niederenergetischen Methode LEIS haben die Ionen (meist He^+, Ne^+, Ar^+) Energien von 1 bis 10 keV und der Streuwinkel liegt im Bereich $\Theta>90°$ ($\Delta\Theta \approx 1°$ bis $4°$). Die mittelenergetische Technik MEIS nutzt dagegen Ionen (H^+, He^+) mit einer Energie von 10 bis 100 keV und hat einen Streuwinkelbereich von $\Theta = 70°$ bis $130°$ ($\Delta\Theta \approx 0{,}3°$).

Die Primärionen werden an den Atomen der obersten Monolage (binäre Stöße, LEIS) bzw. an den oberen Atomlagen (Mehrfachstöße mit inelastischem Energieverlust, MEIS) gestreut. Durch den Nachweis der Ionen unter einem bestimmten Winkel zur Beschussrichtung und die Messung der Energie der gestreuten Ionen lässt sich auf die Masse des Atoms schließen, an dem die Streuung stattgefunden hat. Aus der Winkelabhängigkeit der rückgestreuten Intensität lässt sich auch auf die Oberflächenstruktur schließen. Weitere in diesem Zusammenhang zu nennende, ionenstrahlinduzierte Verfahren wie ↗RBS (Rutherford-Rückstreuung), ERDA (Elastic Recoil Detection Analysis), PIXE (Particle-Induced X-ray Emission) benötigen üblicherweise Anregungsenergien > 0,5 MeV, die nicht im normalen Analytiklabor zur Verfügung stehen.

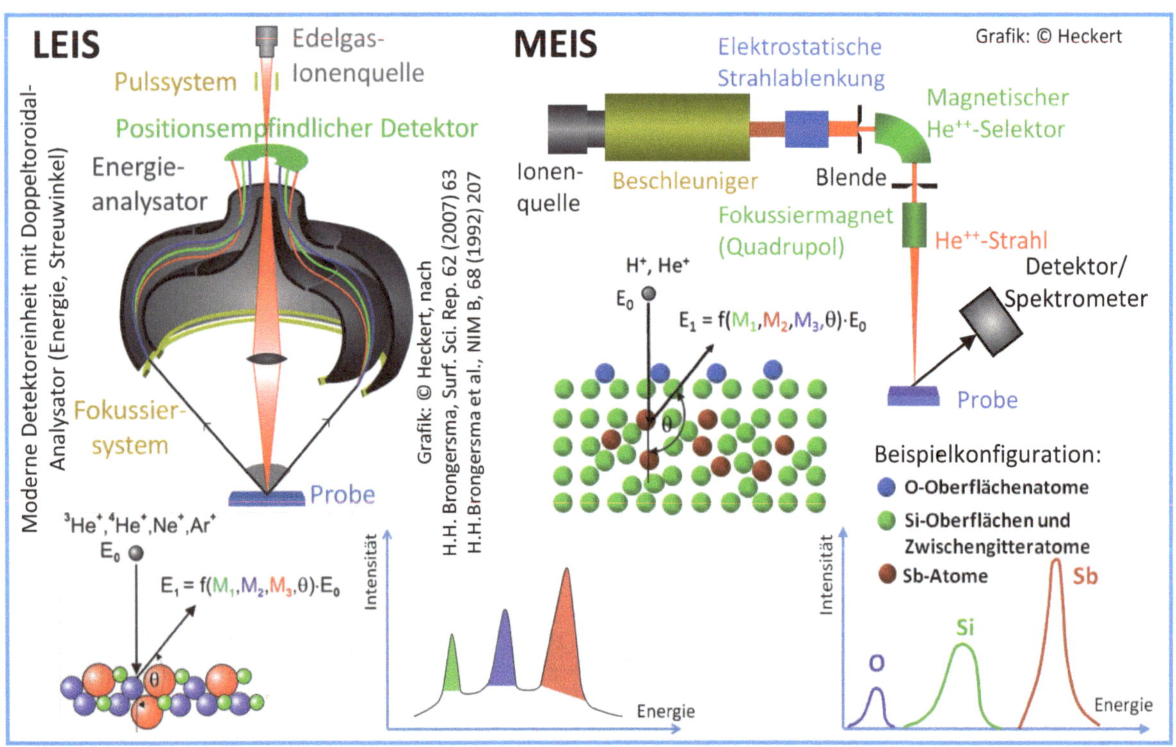

Leistungsprofil und -grenzen:

- Elementscreening und -verteilung fast aller Elemente mit Z > 2 als Funktion der Tiefe mit hoher Empfindlichkeit (ppm/ppb-Bereich) und hoher Tiefenauflösung bis 1 nm
- Erfassbarer Tiefenbereich 0 bis 7 nm (LEIS) bzw. 1 bis 10 nm (MEIS)
- Energieauflösung $\Delta E/E \approx 10^{-3}$ (detektorabhängig)
- Standardfreie Analyse möglich

Probenpräparation:

- Einfach (frei von störenden Deckschichten)

Instrumentierung und Beispiel:

- Energieanalysatoren: zylindrischer Spiegelanalysator, Doppeltoroidaler Analysator (DTA, s. Bild Vorseite), Flugzeitanalysator (ToF)
- Detektorsysteme: Mikrokanalplatten (rückgestreute Ionen), positionsempfindlicher Detektor (PSD)
- Direkte Transformation des Energiespektrums in ein Massenspektrum möglich

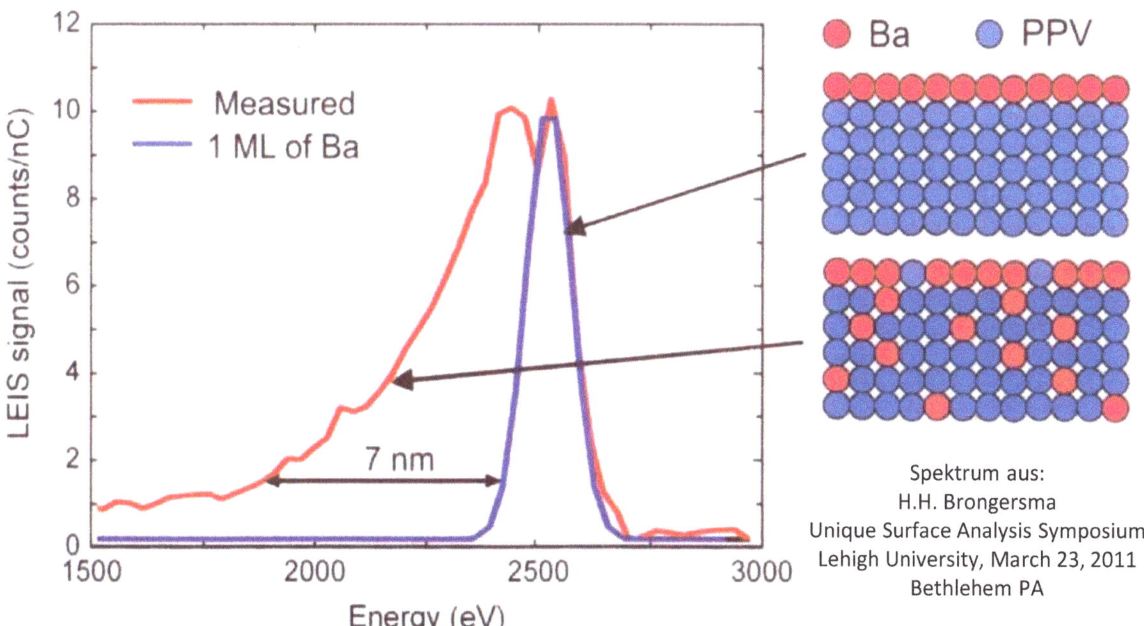

Spektrum aus:
H.H. Brongersma
Unique Surface Analysis Symposium
Lehigh University, March 23, 2011
Bethlehem PA

Signal von Ba in einem LEIS-Spektrum von Polyphenylenvinylen (PPV), einem Material, welches für OLEDs eine große Rolle spielt. Physikalisch wird hierbei eine Minimierung der Metalldiffusion (Ba) in das Bulkvolumen angestrebt (Erhöhung der Lichtausbeute). Das Beispiel zeigt, dass Ba-Atome der äußeren Lage bis 7 nm tief in die Polymerschicht diffundiert sind.

RBS - RUTHERFORD-Rückstreu-Spektrometrie

RBS - RUTHERFORD Backscattering Spectrometry

Anwendungen:

- Untersuchung von Oberflächen- und Grenzflächenphänomenen
- Analyse von Aufbau und chemischer Zusammensetzung von Schichtsystemen
- Tiefenprofile individueller Elementkonzentrationen
- Defektanalysen an kristallinen Festkörpern durch Ausnutzung des Channellingeffektes

Funktionsprinzip:

Diese Methode beruht auf der elastischen Streuung von hochenergetischen Ionen am Coulomb-Potenzial der Atomkerne des zu untersuchenden Targetmaterials. Sie ist verwandt mit ↗LEIS und ↗MEIS, verwendet aber im Gegensatz zu diesen hochbeschleunigte Primärionen (1 bis 4 MeV). Sie ist nach E. RUTHERFORD benannt, welcher als Erster 1911 die Rückstreuung von Alphateilchen an einer Goldfolie erklären konnte und damit sein nach ihm benanntes Atommodell schuf. Protonen oder Alphateilchen mit Energien im MeV-Bereich dringen in die oberflächennahen Schichten der Probe ein. Treffen sie auf ein Atom, werden sie an dessen Kern elastisch mit einer Energie zurückgestreut, die allein von der Masse des Projektils m_1, der des Targetatoms m_2 und dem Rückstreuwinkel θ abhängt. Das Verhältnis von Rückstreu- zu Primärenergie E_R/E_P heißt kinematischer Faktor k. Er ergibt sich aus Impuls- und Energieerhaltungssatz und berechnet sich nach der unten stehender Formel. Aus der Energie der rückgestreuten Primärteilchen lässt sich somit auf die Masse der in der Probe befindlichen Atome schließen. Allerdings muss man noch den Energieverlust ΔE berücksichtigen, welchen die Primärteilchen auf dem Weg zum Targetatom und zurück erleiden. Da dieser eine quantifizierbare Relation zur Tiefe der durchquerten Schicht aufweist, liefert die Methode auch Tiefeninformationen. Der Anteil der zurückgestreuten Primärteilchen wird durch den Streuquerschnitt (Wirkungsquerschnitt des Streuprozesses) bestimmt.

Mit einem energiedispersiven Detektor wird die Anzahl und die Energie der rückgestreuten Primärteilchen gemessen.

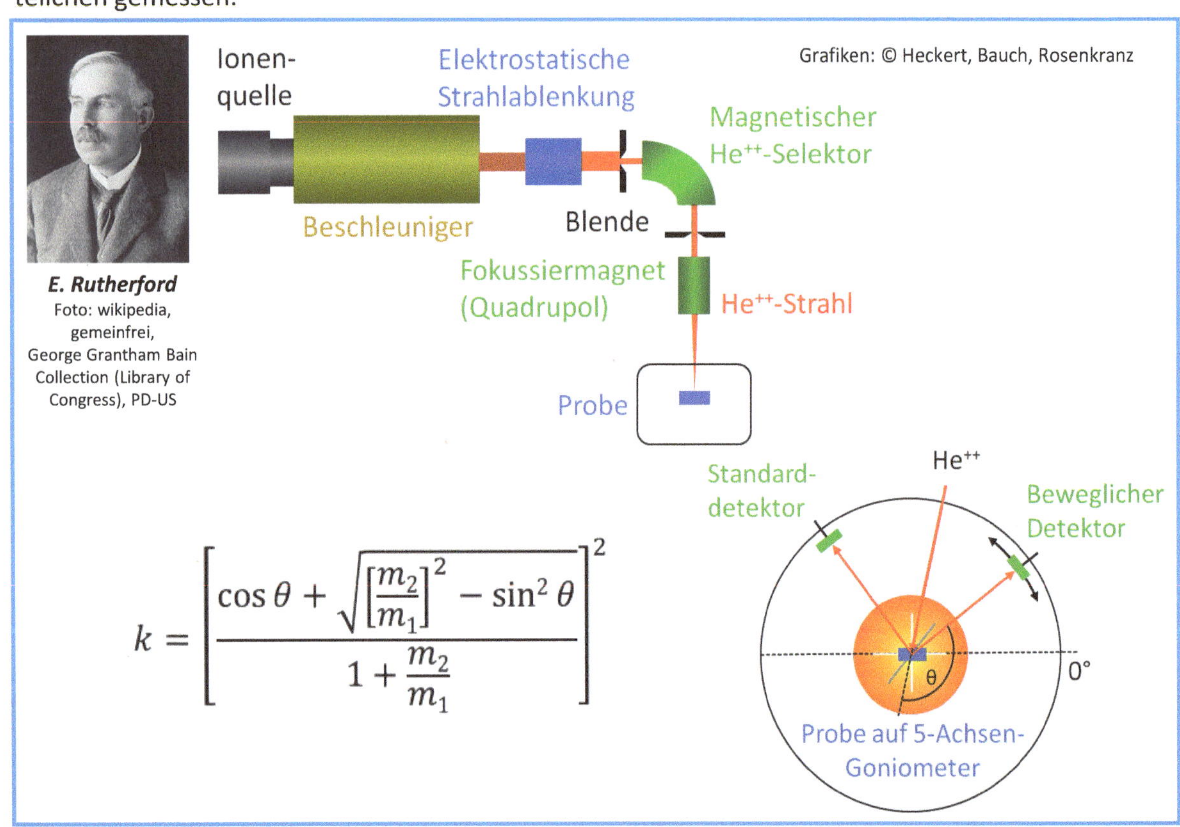

E. Rutherford
Foto: wikipedia, gemeinfrei, George Grantham Bain Collection (Library of Congress), PD-US

$$k = \left[\frac{\cos\theta + \sqrt{\left[\frac{m_2}{m_1}\right]^2 - \sin^2\theta}}{1 + \frac{m_2}{m_1}} \right]^2$$

Leistungsprofil und -grenzen:

- Primärionen: H^+ oder $^4He^{++}$ mit Energien von 1 bis 4 MeV, typisch 2 MeV
- Ionenstromstärke: typisch 20 nA
- Tiefenauflösung: 2 bis 10 nm je nach Atommasse des Elements, Analysentiefe: einige µm
- Nachweisgrenze: 0,01 At.-% bei schweren und 5 At.-% bei leichten Elementen
- Bei kleinen Atommassen: Masseauflösung gut, Empfindlichkeit gering
- Bei großen Atommassen: Masseauflösung schlecht, Empfindlichkeit hoch
- Schichten aus leichten Elementen auf schweren Substraten nicht oder fast nicht nachzuweisen
- Weitgehend zerstörungsfrei

Probenpräparation:

- Keine spezielle Präparation erforderlich

Instrumentierung und Beispiel:

- Hoher technischer Aufwand zur Beschleunigung der Primärionen (Van-de-Graaf-Beschleuniger)
- Hochvakuum erforderlich
- Detektoren: Halbleitersperrschichtdetektoren, elektrostatische Spektrometer, magnetische Spektrometer, Flugzeitspektrometer

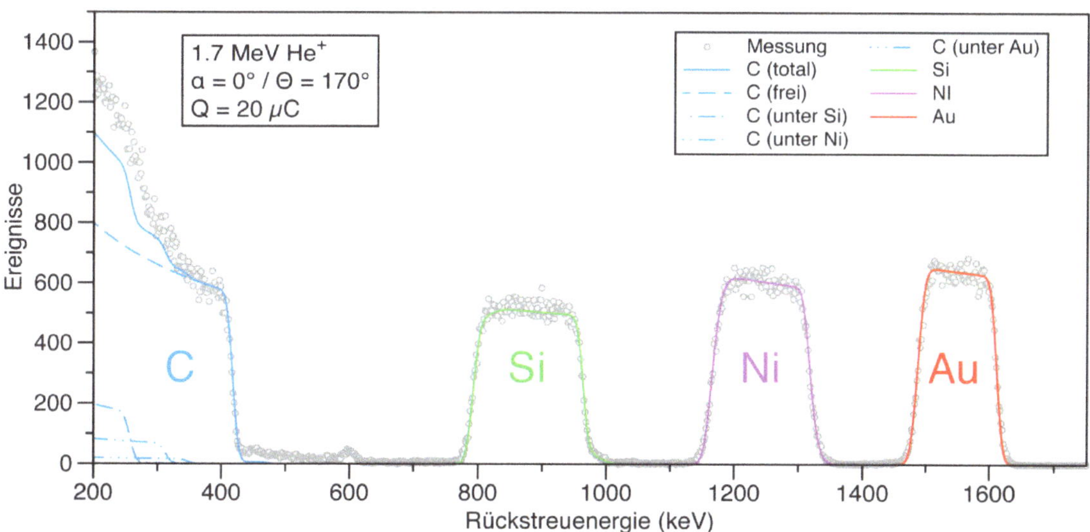

RBS-Spektrum (oben) und AFM-Aufnahme (unten) einer RBS-Detektor-Kalibrierprobe

Auf einem Kohlenstoffsubstrat wurden mit verschiedenen Masken kleine regelmäßige Quadrate unterschiedlicher Größe und Höhe aus Si, Ni, und Au aufgebracht. Diese wurden so gewählt, dass im finalen Spektrum alle resultierenden Peaks ungefähr gleiche Breite und gleiche Höhe aufweisen. Damit kann man einen RBS-Detektor mit nur einer Messung simultan an vier Oberflächenkanten kalibrieren.

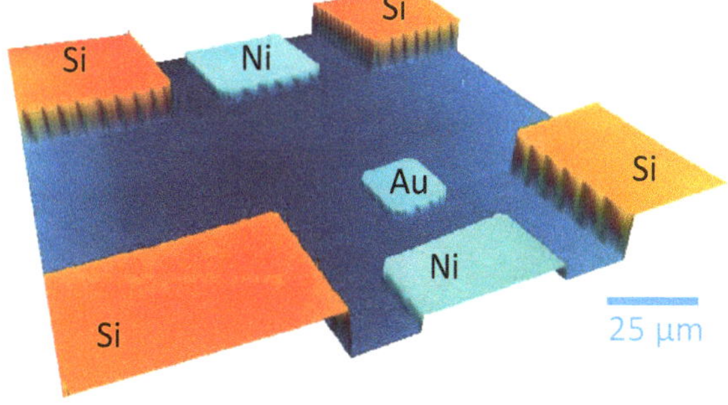

Aufnahmen: HZDR, Heller

RS - RAMAN-Spektroskopie

RS - RAMAN Spectroscopy

Anwendungen:

- Strukturbestimmung, chemische Zusammensetzung, Modifikationen bei allen Aggregatzuständen, Bioanalytik (z.B. Unterscheidung von Bakterien-Spezies)
- Qualitative Analyse von Mehrkomponentensystemen
- Quantitative Analyse
- Kristallinität, Kristallorientierung
- Temperatur (aus dem Verhältnis von Stokes- zu Antistokes-Intensitäten)
- Eigenspannungsanalyse

Funktionsprinzip:

Unter Raman-Streuung (RS) versteht man die unelastische Streuung von Licht an Molekülen. Der Effekt wurde 1923 von A. SMEKAL vorausgesagt und 1928 durch C.V. RAMAN (Nobelpreis 1930) entdeckt. Das Raman-Spektrum entsteht durch die Wechselwirkung von monochromatischem Licht (vorzugsweise Laseranregung, z.B. 1064 nm) mit den Molekülen der Probe. Anwendungsvoraussetzung ist dabei die Änderung der Polarisierbarkeit bei Rotation oder Schwingung des Moleküls. Die Elektronen nehmen die Energie der Photonen des Lasers auf und werden auf virtuelle Energieniveaus gehoben. Bei der anschließenden Relaxation wird wieder ein Photon abgegeben, welches drei unterschiedliche Energiezustände besitzen kann (s. Bild unten):

1. Rayleigh-Streuung: Abgegebenes Photon besitzt gleiche Energie (Frequenz) wie das anregende.
2. Stokes-Streuung: Streulicht besitzt eine geringere Energie als die Anregungsphotonen. Mit der Energiedifferenz werden Elektronen auf einen angeregten Zustand gehoben.
3. Anti-Stokes-Streuung: Befindet sich das Elektron bei der Absorption eines Photons bereits in einem angeregten Zustand, wird die Energie des Streulichts zu höheren Werten verschoben.

Die Energiedifferenz zwischen eingestrahltem und gestreutem Photon wird üblicherweise als „Raman-Shift" bezeichnet. Es gibt eine Reihe von speziellen, teilweise mit ↗AFM gekoppelten Varianten (nichtlinear, oberflächenverstärkt, spitzenverstärkt), z.B. SERS (Surface Enhanced RS), CARS (Coherent Anti-Stokes RS), TERS (Tip Enhanced RS) und weitere. Es existiert eine Komplementarität zwischen IR- und Raman-Spektroskopie (Anregung IR: polychromatisch, ↗FTIR). Gerätetechnische Kopplungen mit ↗REM und ↗EDX sind ebenfalls möglich.

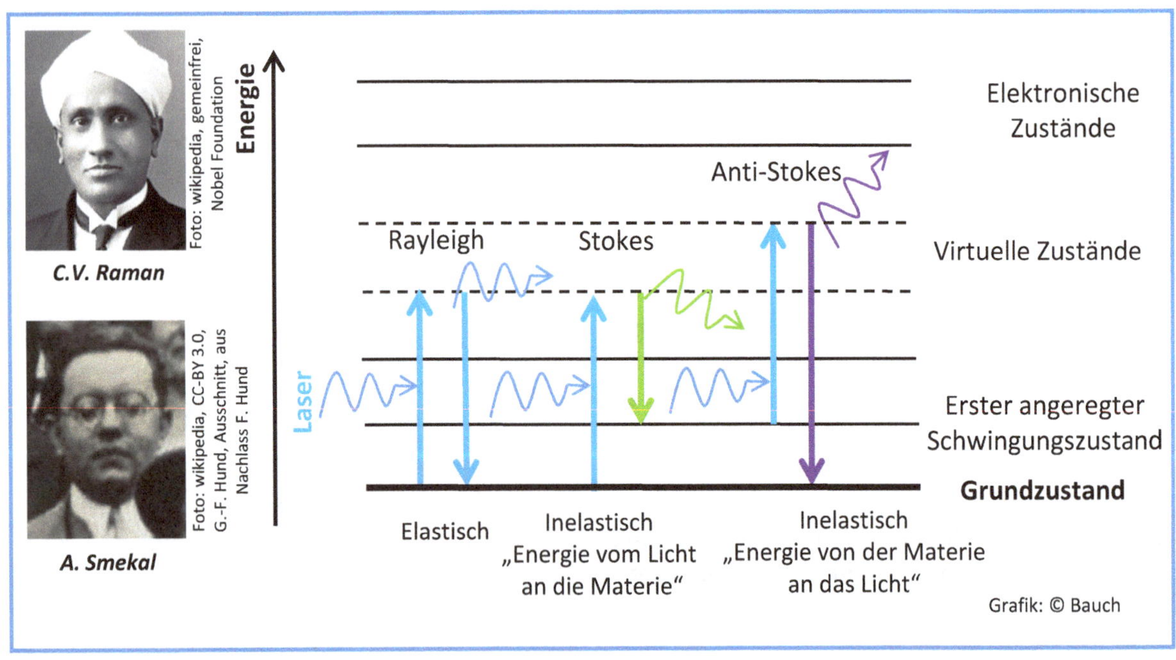

Leistungsprofil und -grenzen:

- Bei modifizierten Varianten weitere Erhöhung der Ortsauflösung auf ca. 20 nm (TERS) möglich
- Limitierung hinsichtlich des Bindungszustandes: Es muss in der Probe ein Anteil an kovalenter Bindung vorliegen. Reine Ionenkristalle (z.B. NaCl), Metalle oder Edelgase sind nicht nachweisbar.
- Wegen des geringen Streuquerschnittes (ca. 10^{-30} cm^{-2}) benötigt man eine relativ hohe Molekülkonzentration bzw. hohe Laserintensitäten (Spektren einzelner Moleküle sind daher i.A. nicht möglich, Ausnahmen: SERS, TERS).
- Vermeidung von Fluoreszenzanregung (Wechsel der Anregungswellenlänge ggf. notwendig)

Probenpräparation:

- Einfach (frei von störenden Probenpräparationsbeimengungen oder -schichten)

Instrumentierung und Beispiel:

- Aufbau: Monochromatische Lichtquelle (Laser), Sammeloptik, Einheit zur spektralen Zerlegung des Lichts, Detektor (ggf. mit Polarisator: Auswahl der zu analysierenden Polarisationsrichtung, wobei der Depolarisierungsgrad zur Strukturaufklärung dient)
- Varianten: Zwei unterschiedliche Systeme: Dispersives und FT-Raman (beide mit Mikroskop mögl.)
  Dispersives Raman: einfache Auswahl der Anregungswellenlänge, hohe spektrale Auflösung, Messung des Signals mit CCD-Kamera, Doppelmonochromator zur Reduzierung des Streulichts
  FT-Raman: bessere Vermeidung von Fluoreszenzerscheinungen durch Anregung im NIR, geringere Messzeiten (Multiplex-Vorteil), hohe Wellenzahlgenauigkeit (Connes-Vorteil), großer Lichtleitwert (Jaquinot-Vorteil), aber auch geringere spektrale Auflösung und geringere Intensitäten

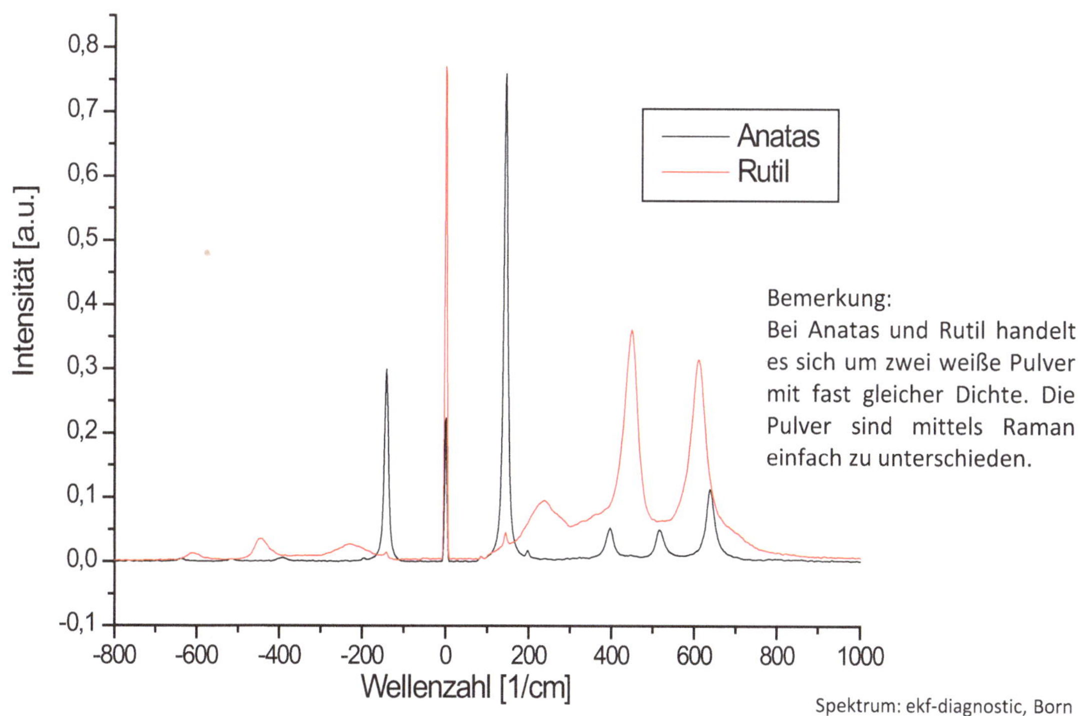

Bemerkung:
Bei Anatas und Rutil handelt es sich um zwei weiße Pulver mit fast gleicher Dichte. Die Pulver sind mittels Raman einfach zu unterschieden.

Spektrum: ekf-diagnostic, Born

FT-Raman-Spektren der Titandioxidmodifikationen Anatas und Rutil (Biomaterialanalytik) mit Stokes- und Antistokes-Linien

GDOES - Optische Glimmentladungsspektroskopie

GDOES - Glow Discharge Optical Emission Spectroscopy

Anwendungen:

- Qualitative und quantitative Elementanalyse von dicken bis dünnsten Schichten (z.B. von PVD- und CVD-Schichten) als auch kompakten Proben mit niedrigen Nachweisgrenzen und großem dynamischen Konzentrationsbereich
- Untersuchung von Metallen, Keramiken, Gläsern, Halbleitern und Polymeren möglich (bei nicht-leitenden Proben ist anstelle der DC- eine HF-Anregung notwendig)
- Analyse von Schichtsystemen mit hoher Auflösung (Tiefenprofilanalyse, z.B. an Multilayern)

Funktionsprinzip:

Das Verfahren nutzt eine spezielle Geometrie einer Glimmentladungsquelle (flache Kathode, die mit der Probe identisch ist). Diese Anordnung geht auf ein Patent von W. GRIMM aus dem Jahr 1967 zurück („Grimm'sche Lampe"). Prinzipiell zerstäubt man die zu analysierende, elektrisch leitende Probe durch einen Sputterprozess mit Atomen und Ionen (meist Ar) aus einem Gleichstrom-Glimmentladungsplasma. Dadurch wird die Probe schichtweise, ggf. sogar Atomlage für Atomlage, abgetragen. Für ein gleichmäßig brennendes Plasma betreibt man die Entladung im Bereich der sogenannten anomalen Glimmentladung. Gleichzeitig werden die abgesputterten Atome und Ionen im Plasma energetisch angeregt. Bei der Rückkehr in den Grundzustand wird ein charakteristisches Lichtspektrum emittiert. Mit einem nachgeschalteten, wellenlängenselektiven (optischen) Spektrometer wird die spektrale Zerlegung des emittierten Lichts (konkaves, an den Fokussierungskreis angepasstes, holographisches Gitter) vorgenommen. Durch geeignete Positionierung einer Photomultiplier- oder CCD-Anordnung an den Austrittsspalten werden charakteristische Emissionslinien ausgewählt und die zugehörigen Intensitäten fotoelektrisch bestimmt. Diese Intensitäten sind der Konzentration des zugeordneten Elements in der Entladungszone proportional. Zeichnet man den zeitlichen Intensitätsverlauf der einzelnen Linien während des Sputterprozesses auf, können (nach Kalibrierung) daraus Konzentrations-Tiefenprofile der Probenschichten ermittelt werden.
Zur Untersuchung nichtleitender Proben kann alternativ auch eine Anregung mit einem hochfrequenten (einige MHz) Wechselstromplasma realisiert werden.

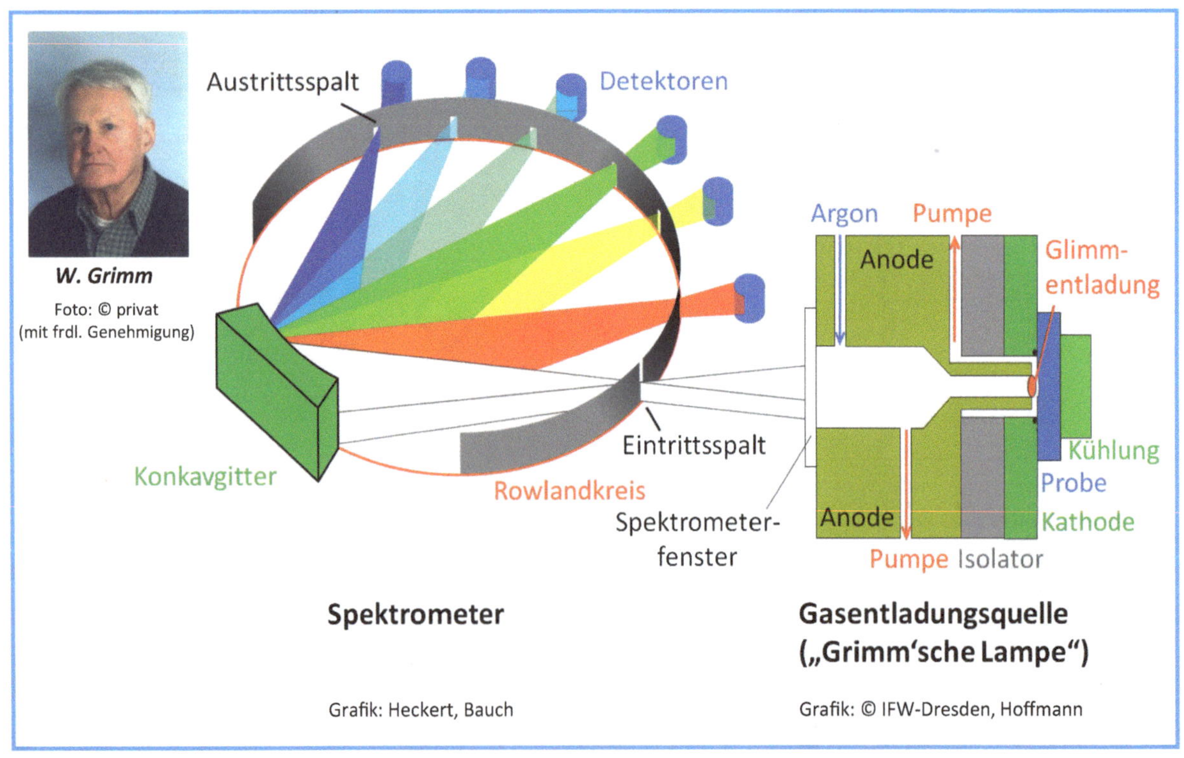

W. Grimm

Foto: © privat (mit frdl. Genehmigung)

Spektrometer

Grafik: Heckert, Bauch

Gasentladungsquelle („Grimm'sche Lampe")

Grafik: © IFW-Dresden, Hoffmann

Leistungsprofil und -grenzen:

- Nachweis fast aller Elemente
- Tiefenprofilanalyse üblicherweise bis ca. 100 µm
- Niedrige Nachweisgrenze mit ca. 0,1 bis 50 ppm (außer bei Cl, O sowie einigen anderen Elementen)
- Laterale Auflösung nur ca. 2 mm, relative Tiefenauflösung ca. 5 bis 10 % der abgetragenen Tiefe
- Umrechnung der Intensitäts-Zeit-Profile in Konzentrations-Tiefen-Profile durch Kalibrierung mit Referenzmaterialien möglich

Probenpräparation:

- Plane Probenoberflächen von einigen Millimetern sind für die originale Grimm'sche Quelle notwendig, sonst spezielle Quellen erforderlich

Instrumentierung und Beispiel:

- Optisches Spektrometer mit Glimmentladungsquelle

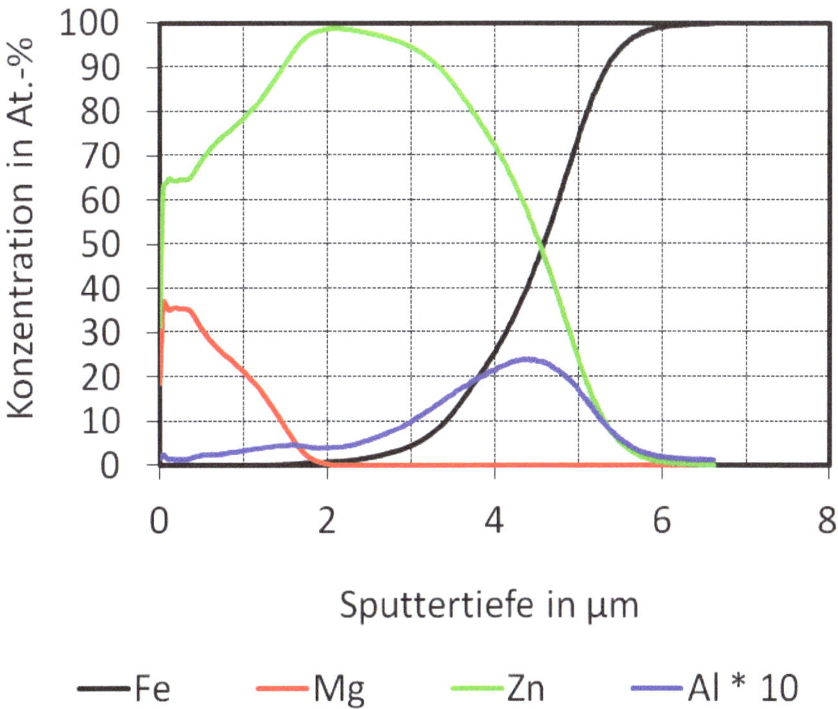

Tiefenprofil: Fraunhofer FEP Dresden, Scheffel, Zywitzky, Metzner

GDOES-Tiefenprofil einer intermetallischen MgZn-Verbindungsschicht auf feuerverzinktem Stahlblech

FTIR - Fouriertransformierte IR-Spektroskopie

FTIR - Fourier Transform Infrared Spectroscopy

Anwendungen:

- Qualitative und quantitative Charakterisierung von anorganischen und organischen Substanzen sowie Polymerwerkstoffen
- Untersuchung von dünnen Schichten, Adsorbaten usw.
- Bestimmung der Polymerorientierung
- Untersuchung von dynamischen Prozessen (z.B. kinetische und temperaturabhängige Messungen mittels zeitaufgelöster Spektroskopie - „Rapid-/Step-Scan-Time-Resolved FTIR")
- Bestimmung von funktionellen Gruppen, Verunreinigungen, Schichtdicken
- Monitoring von chemischen Reaktionen

Funktionsprinzip:

Die FTIR-Spektroskopie geht auf erste Versuche von R.W. WOOD und H. RUBENS 1911 zurück und wurde von Lord RAYLEIGH (Nutzung der Fouriertransformation) und P.B. FELLGETT (Multiplexvorteil) wesentlich verbessert. FTIR nutzt im Gegensatz zu dispersiven spektroskopischen Methoden nicht die schrittweise Änderung der Wellenlänge zur Aufnahme des Spektrums, sondern erfasst alle Frequenzkanäle gleichzeitig und liefert durch sukzessives Verstellen des beweglichen Spiegelarms in einem Interferometer nach A.A. MICHELSON zunächst ein Interferogramm. Im Interferometer wird der von einer thermischen Quelle (Wellenlängen λ_i) ausgehende Strahl mittels eines Strahlteilers (Beamsplitter) in zwei Teilstrahlen zerlegt, die räumlich kohärent sind sowie getrennte optische Distanzen zurücklegen und danach interferieren. Die kurz vor dem Detektor angeordnete Probe interagiert mit dem resultierenden Strahl. Der Detektor zeichnet die optische Strahlungsintensität in Abhängigkeit der optischen Wegdifferenz (Retardierung $\delta = x_2 - x_1$) der beiden Spiegel auf. Die maximale Intensität zeichnet der Detektor bei konstruktiver Interferenz ($\delta_i = n\lambda_i$ mit $n = 0,1,2...$) auf. Dieser Gleichanteil wird von einem modulierten Teil überlagert, wenn δ_i kein ganzzahliges Vielfaches der Wellenlänge ist. Das auf diese Weise erzeugte Interferogramm $I(\delta)$ wird im PC einer Fouriertransformation unterworfen und als Absorptionsspektrum $I(\nu)$ mit ν als Wellenzahl (λ^{-1}) dargestellt.

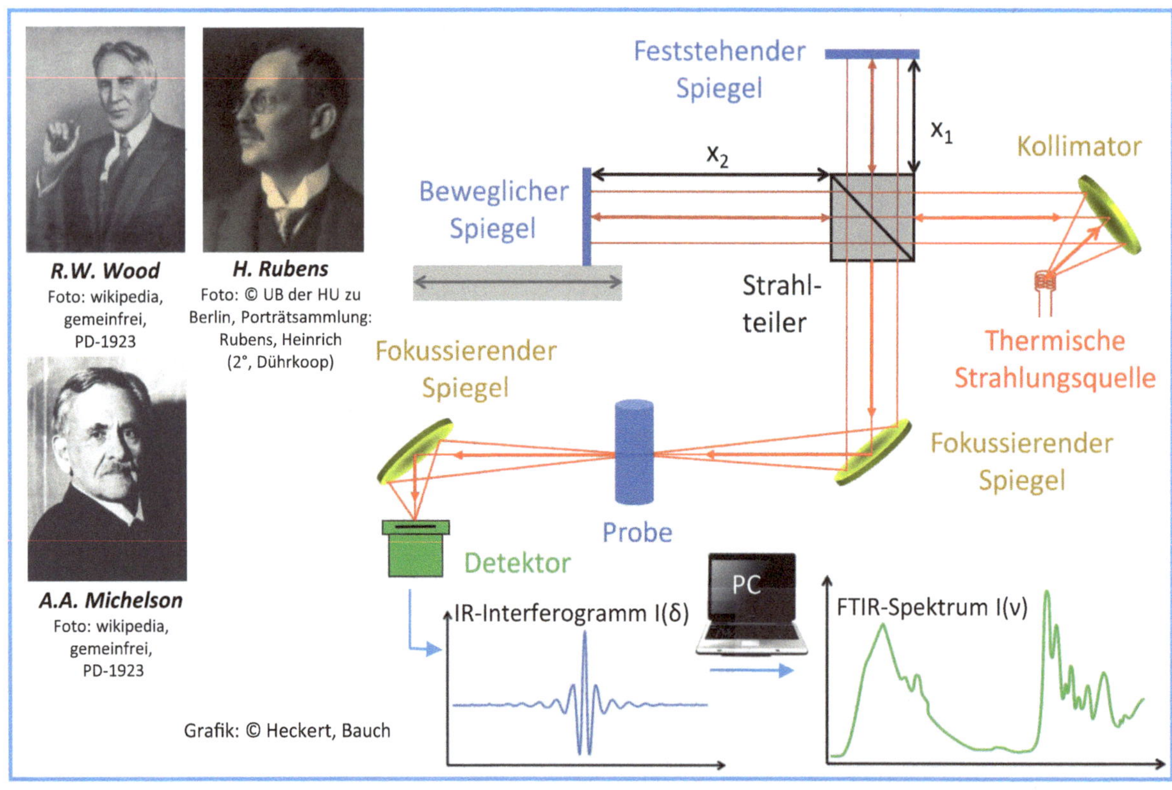

Leistungsprofil und -grenzen:

- IR-Spektralbereich ca. 0,7 µm bis 0,5 mm (NIR, MIR, FIR)
- Fellget-Vorteil (Multiplexvorteil, d.h. weitgehende Unabhängigkeit von Quellenschwankungen, da die Probe immer mit dem gesamten IR-Spektrum bestrahlt wird, und sehr geringe Messzeiten für ein einzelnes Interferogramm bei allerdings hohem PC-Rechenaufwand auftreten)
- Connes-Vorteil (hohe Wellenzahlengenauigkeit, da meistens die optische Wegdifferenz mit der präzisen Wellenlänge eines Lasers bestimmt wird; Möglichkeit der Einstellung einer höheren spektralen Auflösung im Vergleich zum Gitterspektrometer, Auflösungsvermögen hängt von δ_{max} ab)
- Jaquinot-Vorteil (Durchsatz-Vorteil, da FTIR nicht auf lineare Spalten angewiesen ist, sondern größere kreisförmige Aperturen verwendet, was das Signal-Rausch-Verhältnis erhöht)
- Totalabsorption bei H_20 (4200 bis 2500 cm^{-1}, 2000 bis 1250 cm^{-1}) und CO_2 (2400 bis 2230 cm^{-1})

Probenpräparation:

- Folien und Filme mit D<30 µm; bei typischem Transmission-Mode ggf. abgedünnte Proben, Presslinge mit KBr als Einbettungsmittel, Pulver, dünne Schichten auf Substraten, Lösungen

Instrumentierung und Beispiel:

- Polychromatische IR-Strahlungsquellen: IR-Globar (elektrisch aufheizbarer SiC-Stab mit Interferenzfilter, entspricht in etwa dem Spektralverhalten eines Planck'schen Strahlers) oder Hg-Hochdrucklampen, Wolfram-Halogenlampen
- Material des Strahlteilers im Interferometer: z.B. KBr im mittleren IR (keine Absorptionsbanden zwischen 4000 cm^{-1} und 400 cm^{-1}) und unterschiedlich dicke Polyethylenterephthalat-Folien im fernen IR
- Zur genauen Bestimmung der beweglichen Spiegelposition im Interferometer werden ggf. zusätzlich Laser (meist HeNe) eingesetzt.

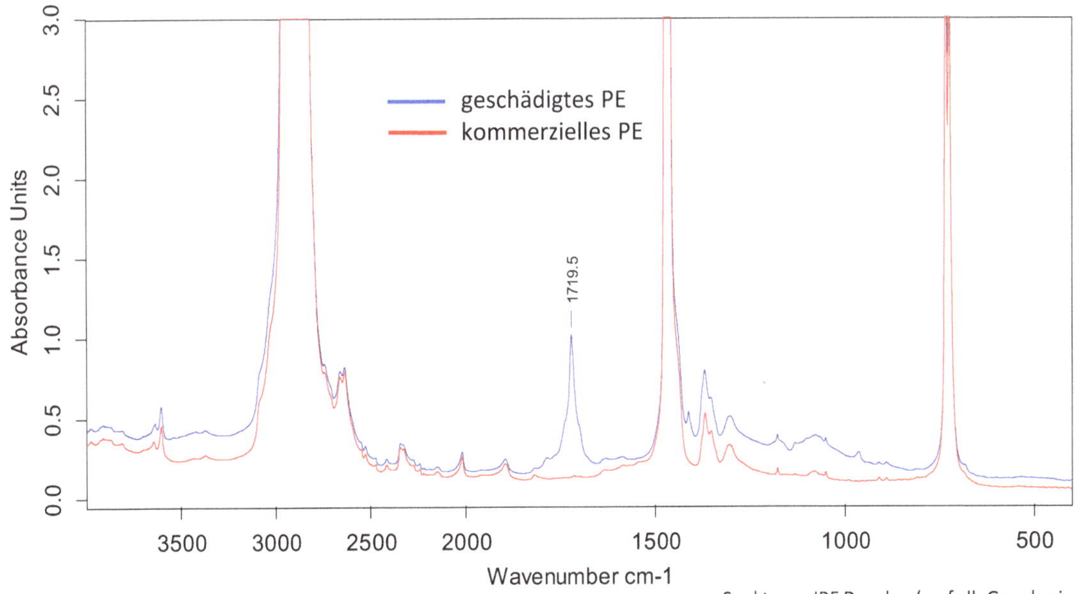

Spektrum: IPF Dresden (m. frdl. Genehmigung)

Superposition der FTIR-Spektren von kommerziellem Polyethylen (PE, thermoplastischer Kunststoff) vor und nach der thermo-oxidativen Belastung. Die Schädigung ist gut am Auftreten der Carbonylbande bei 1720 cm^{-1} nachweisbar.

VASE - Winkelvariierende Spektroskopische Ellipsometrie

VASE - Variable Angle Spectroscopic Ellipsometry

Anwendungen:

- Komplexer Brechungsindex (daraus Reflexionsgrad), Absorptionskoeffizient sowie Dicke dünner Schichten; im weitesten Sinne optische Eigenschaften von Schichten und Festkörperoberflächen
- Analyse der optischen Eigenschaften zur Extraktion weiterer Materialparameter (Drude-Widerstand, Materialzusammensetzung, Kristallinität, Kontamination, opt. Anisotropie, Rauheit)
- Speziell bei VASE: Messung bei mehreren Einfallswinkeln bzw. freie Wahl des optimalen Winkels, komplexere Schichtsysteme untersuchbar, bessere Trennung von Brechungsindex und Dicke

Funktionsprinzip:

Die Ellipsometrie basiert auf grundlegenden Arbeiten von P. DRUDE aus den Jahren 1887 bis 1890 und ist ein optisches Messverfahren zur Analytik von Oberflächen und oberflächennahen Schichten. Gemessen wird die Änderung des Polarisationszustandes von Licht einer Wellenlänge oder eines ganzen Spektralbereiches (Messung unterschiedlicher Eigenschaften) bei Reflexion oder Transmission an der Oberfläche einer Probe, wobei eingangsseitig im Regelfall linear oder zirkular polarisiertes Licht zum Einsatz kommt, das nach der Reflexion gemäß den Fresnel'schen Gleichungen elliptisch polarisiert („Ellipsometrie") vorliegt. Experimentell zugänglich sind dabei die ellipsometrischen Parameter Ψ (Amplitudendifferenz) und Δ (Phasendifferenz) zwischen den senkrecht (s) und parallel (p) zur Einfallsebene polarisierten Anteilen vor und nach der Reflexion.

Diese Parameter stehen gemäß der Gleichung $\tan(\Psi)e^{i\Delta} = R_p/R_S$ im Verhältnis mit den komplexen Fresnel-Reflexionskoeffizienten $R_P = E_{P\,(reflekt.)} / E_{P\,(einfall.)}$ und $R_S = E_{S\,(reflekt.)} / E_{S\,(einfall.)}$, wobei E_P und E_S die Komponenten des Feldvektors E_{In} bzw. E_{Out} des einfallenden bzw. reflektierten Strahls sind. Daraus ergibt sich u.a. der Vorteil, dass keine Referenzmessungen notwendig sind, da ein Intensitätsverhältnis bestimmt wird. Die Änderung des Polarisationszustandes wird geräteseitig durch einen meist rotierenden Analysator und einen Halbleiterdetektor (Umwandlung in ein elektrisches Signal) erfasst. Die interessierenden Materialeigenschaften (komplexer Brechungsindex, Schichtdicke u.a.) sowie der Einfallswinkel Φ sind in R_P und R_S enthalten (Inversionsrechnung) und werden durch ein Optimierungsverfahren auf der Basis eines Modells extrahiert. Misst man Δ-Werte im Bereich von 0° oder 180°, verschlechtert sich die Genauigkeit. Abhilfe schaffen hier optionale Kompensatoren (Phasenschieber). Sind die Proben nicht depolarisierend, verwendet man die sog. Jones-Matrix-Ellipsometrie (Polarisationszustand durch Jones-Vektor und dessen Änderung durch die Jones-Matrix beschrieben). Im Falle depolarisierender Proben (Polarisationszustand durch Stokes-Vektor und dessen Änderung durch die Müller-Matrix beschrieben) kommt die sog. Müller-Matrix-Ellipsometrie zum Einsatz. Letztere gewinnt immer mehr an Bedeutung.

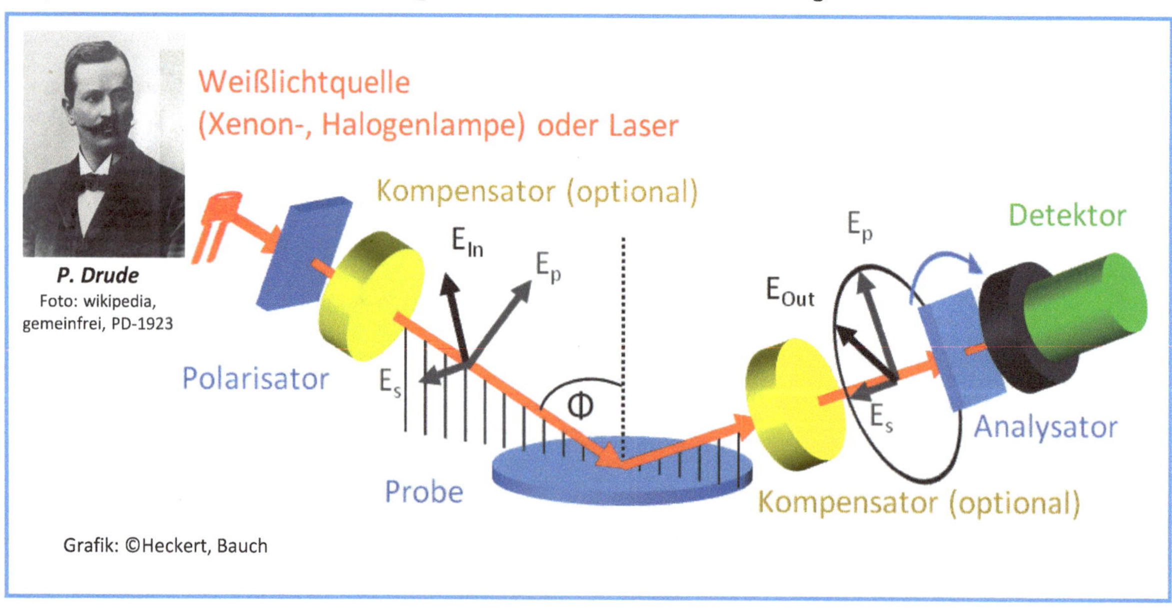

Leistungsprofil und -grenzen:

- Wellenlängen „klassisch" von ca. 193 nm bis 830 nm (UV-VIS) und 800 nm bis 1700 nm (NIR); Angebote einzelner Hersteller bis 3,5 µm oder speziell für den IR-Bereich auch 2 bis 30 µm
- Einfallswinkel von 0° (Transmission) bis < 90° (Schrittweite variabel) einstellbar (Genauigkeit steigt)
- Untersuchung von Schichtstapeln bei Auflösung der Eigenschaften der Einzelschichten auf unterschiedlichen Substraten (Wafer, Gläser, PET-Folien, metallische Schichten usw.) hinsichtlich optischer Eigenschaften, Schichtdicke (auch von Flüssigkeitsfilmen) und Materialgehalt möglich
- Beeinträchtigung der Messung durch Rauheit und/oder Welligkeit der Probe bzw. bei großer Schichtdickenungleichmäßigkeit, Empfindlichkeit bis zu Submonolagen
- Materialwissenschaftliche Aussagen nur über ein geeignet angepasstes Datenmodell möglich
- Typische Genauigkeiten bei 100 nm SiO_2: 0,1 nm (Schichtdicke) und $5 \cdot 10^{-3}$ (Brechungsindex)

Probenpräparation:

- Keine störenden Deckschichten; Vermeidung von Rückseitenreflektionen bei transparenten Substraten (z.B. durch Aufrauhung der Unterseite)

Instrumentierung und Beispiele:

- Die optischen Detektoren bzw. Spektrometer müssen jeweils entsprechend der verwendeten optischen Strahlungsquelle ausgewählt und angepasst werden (UV/VIS/NIR).
- Option: Temperaturzusatz (Aufzeichnung der Veränderung der optischen Eigenschaften der Probe)

Messungen: Fraunhofer FEP Dresden, Modes und Schönberger

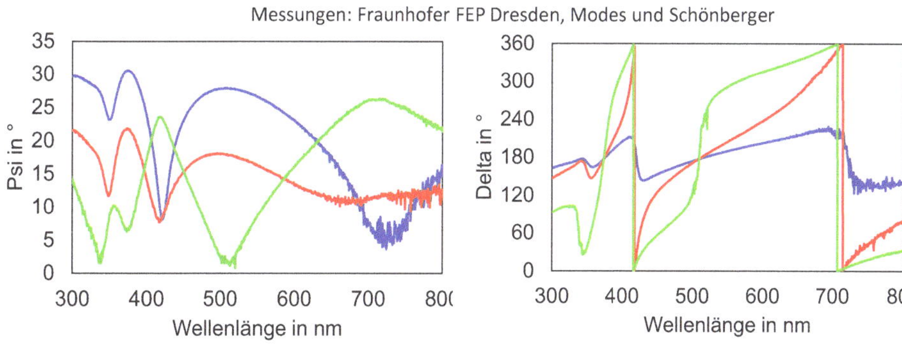

Messung von Ψ und Δ bei drei unterschiedlichen Winkeln Φ (TiO_2-Schicht auf Glas, Rutil-Phase)

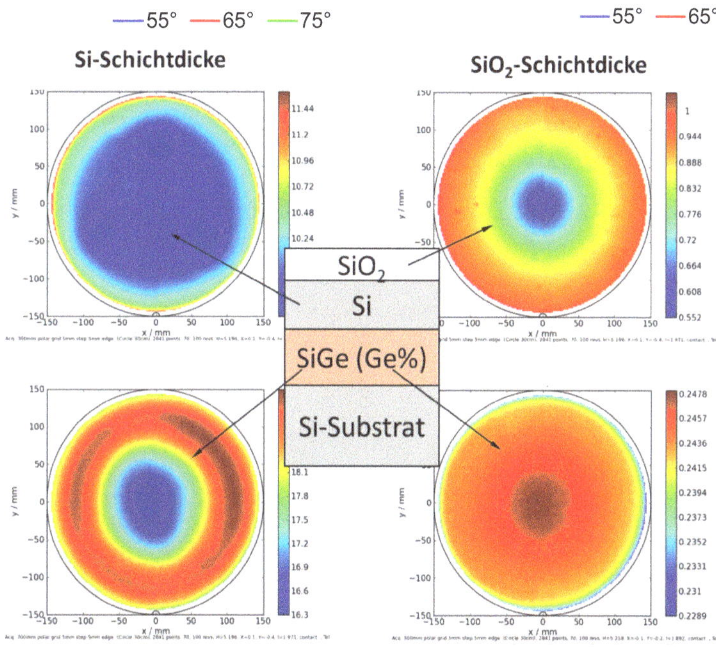

Abbildungen/Messungen: GlobalFoundries Dresden, Weisheit

Aus VASE-Rohdaten mittels eines geeigneten Fitmodells gewonnene Schichtdicken und Ge-Gehalt einer Si-SiGe-Schichtstruktur auf einem blanken Si-Wafer zur Untersuchung von verspannten SiGe-Schichten in der Source/Drain-Region von FETs eines Mikroelektronikprodukts

DTA - Differenz-Thermoanalyse

DTA - Differential Thermal Analysis

Anwendungen:

- Untersuchung von Phasenumwandlungen (z.B. Schmelzen, Erstarren, Kristallstrukturänderung)
- Charakterisierung von Keramiken und mineralischen Stoffen (Baustoffe, Gestein, Glas, Silikate)
- Charakterisierung von Metallen, Legierungen und intermetallischen Phasen
- Charakterisierung von Polymeren (z.B. Zersetzung, Verbrennung)
- Charakterisierung von Arzneimitteln (z.B. Modifikationswechsel)
- Untersuchung von chemischen Reaktionen (z.B. Reaktionskinetik, Oxidation, Reduktion)

Funktionsprinzip:

Bei der DTA wird eine Probe zusammen mit einer Referenzsubstanz in einer symmetrischen Messkammer einem definierten Temperaturprogramm unterworfen und anschließend ebenfalls mit einem kontrollierten Temperaturprogramm wieder abgekühlt. Die Referenzsubstanz wird so gewählt, dass sie im zu untersuchenden Temperaturbereich keine Anomalien, wie z.B. Phasenübergänge, aufweist. Unter beiden Probenbehältern werden Thermoelemente platziert, womit die Temperaturdifferenz sehr genau gemessen wird. Diese wird in Abhängigkeit von Temperatur oder Zeit grafisch dargestellt (DTA-Kurven). Besteht die Gefahr, dass die Probe durch Kontakt mit der Umgebungsluft oxidiert, wird dies durch eine Spülung mit Inertgas (meist Argon oder Stickstoff) verhindert. In modernen Anlagen ist diese Methode mit einem anderen thermischen Analyseverfahren, der Thermogravimetrie, gekoppelt. Dabei wird während des Aufheizprozesses zusätzlich die Massenänderung der Probe mit einer Mikrowaage gemessen (Simultane Thermische Analyse). Durch gleichzeitige Darstellung mit der DTA-Kurve können wertvolle Zusatzinformationen zur Interpretation gewonnen werden. Prozesse, die mit der Änderung der Probenmasse verbunden sind, führen gleichzeitig zu kalorischen Effekten (Peaks in der DTA-Kurve bzw. vorübergehend geänderte Temperaturdifferenzen) und zur Änderung der absoluten Wärmekapazität der Probe (Stufe in der DTA-Kurve bzw. dauerhaft geänderte Temperaturdifferenzen). Für eine genaue quantitative Bestimmung kalorischer Stoffgrößen wird auf ein weiterentwickeltes Verfahren, die Dynamische Differenzkalorimetrie (↗DSC), verwiesen. Die DTA erlaubt jedoch gegenüber der ↗DSC eine flexiblere Probengeometrie, wodurch eine repräsentative Probennahme einfacher ist und inhomogene Materialien z.T. mit verringerter Messunsicherheit untersuchbar sind.

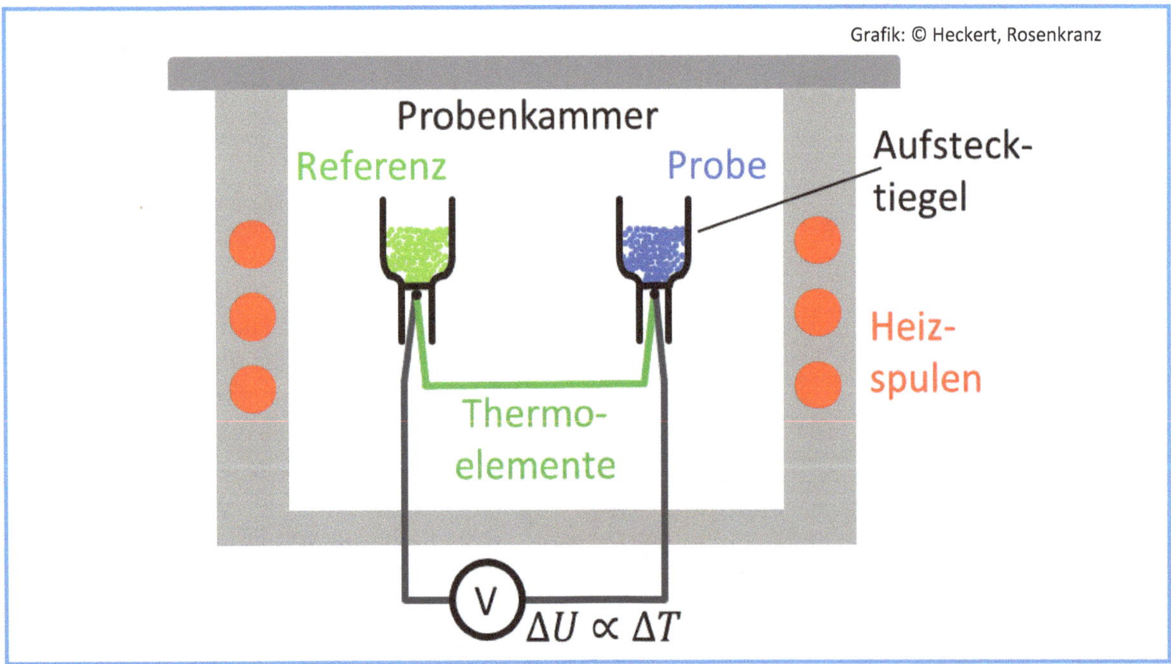

Leistungsprofil und -grenzen:

- Temperaturbereich: -200 °C bis 2400 °C
- Heizraten: bis zu 100 K/min, typisch: 10 bis 20 K/min
- Typisches Probenvolumen: bis 1 cm^3
- Typische Probenmasse: einige Zehn bis einige Hundert Milligramm
- Quantitative Bestimmung kalorischer Stoffgrößen nur über Umwege möglich

Probenpräparation:

- Möglichst keine Verunreinigungen oder Inhomogenitäten
- Feste, pulverförmige oder flüssige Proben möglich

Instrumentierung und Beispiel:

- Leistungsfähige, genau regulierbare Heizung und Kühlung
- Einrichtung zur Spülung mit Inertgas
- Auch Spülung mit Reaktionsgasen zur Untersuchung chemischer Reaktionen möglich
- Häufig kombiniert mit Thermogravimetrie
- Für Messungen unterhalb der Raumtemperatur Thermostat erforderlich

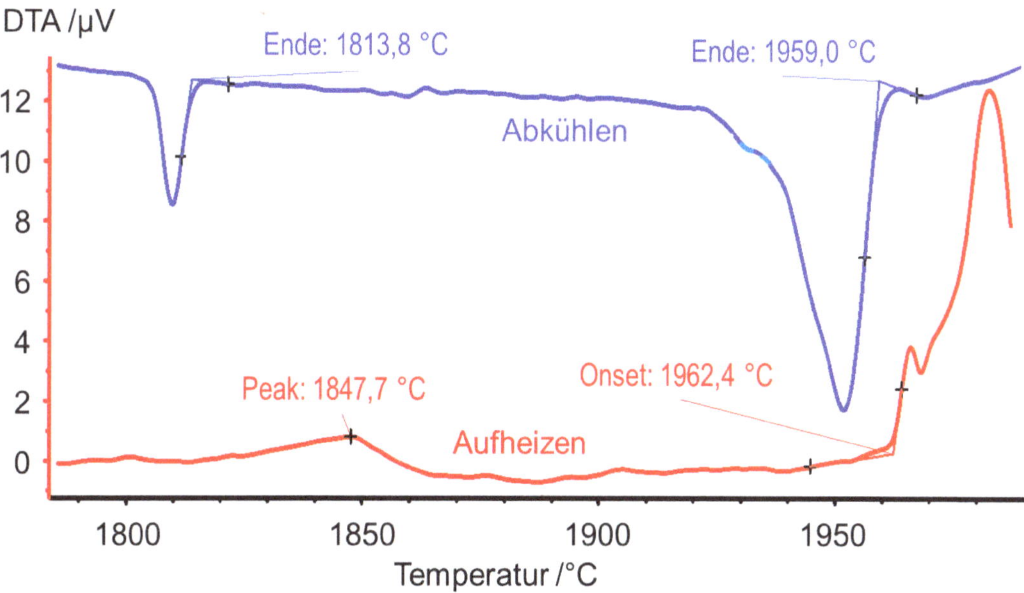

Messungen: Fraunhofer IKTS, Gestrich, Herrmann, Neher, DFG HE 2457/14-2

Aufschmelz- und Erstarrungsverhalten eines $AlN\text{-}Al_2O_3$-Sinteradditivs für das Flüssigphasensintern von SiC-Keramik

DSC - Dynamische Differenzkalorimetrie

DSC - Differential Scanning Calorimetry

Anwendungen:

- Gleiche Anwendungen wie die ↗DTA, darüber hinaus noch die folgenden:
- Bestimmung der spezifischen Wärmekapazität C_P
- Untersuchung von amorphen Materialien (z.B. Glasübergangstemperatur von Polymeren und Gläsern)
- Messung der Reaktionsenthalpie chemischer Reaktionen
- Messung der Umwandlungsenthalpie von Phasentransformationen (z.B. Polymorphie)
- Adsorption und Desorption
- Untersuchung von chemischer Zusammensetzung und Verunreinigungen (bis zu 0,01 Mol-%)

Funktionsprinzip:

Die DSC ist eine Weiterentwicklung der Differenz-Thermoanalyse (↗DTA). Auch hier wird eine Probe zusammen mit einer Referenzsubstanz in einer symmetrischen Messkammer einem definierten Temperaturprogramm unterworfen und anschließend mit einem ebenfalls kontrollierten Temperaturprogramm wieder abgekühlt. Der Aufbau unterscheidet sich zunächst kaum von dem für die ↗DTA. Der wesentliche Unterschied jedoch besteht darin, dass sich durch eine geeignete Geometrie beim Kammeraufbau und der Anordnung der einzelnen Bestandteile die Wärmeströme zwischen Ofen und Probe sowie zwischen Ofen und Referenz kalibrieren lassen. Damit wird nicht nur die Temperaturdifferenz zwischen beiden Proben, sondern auch die Wärmemenge, die die Probe pro Zeiteinheit aufnimmt oder abgibt, gemessen. Neben dieser dynamischen Wärmestromdifferenzkalorimetrie gibt es auch die dynamische Leistungsdifferenzkalorimetrie. Hier wird mittels einer elektrischen Heizung und zwei Thermoelementen dafür gesorgt, dass Probe und Referenz stets auf der gleichen Temperatur sind. Die dafür verbrauchte elektrische Leistung wird in Abhängigkeit von der Temperatur aufgezeichnet und ist ein Maß für den Wärmestrom. Ebenso wie die ↗DTA wird auch die DSC häufig mit der Thermogravimetrie kombiniert, wodurch eine noch umfassendere Charakterisierung der Probe möglich wird, die Empfindlichkeit der DSC-Messung aber abnimmt. Insgesamt gesehen ist diese Methode sehr gut zur genauen quantitativen Bestimmung einer Vielzahl kalorischer Stoffgrößen geeignet.

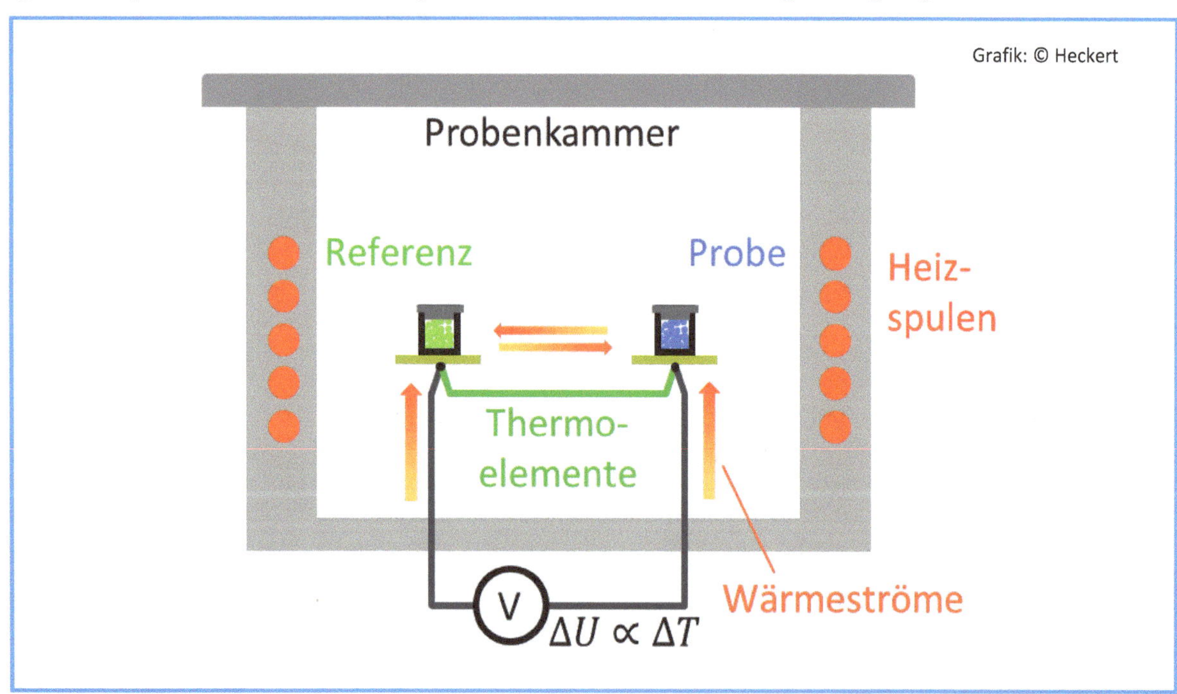

Leistungsprofil und -grenzen:

- Temperaturbereich: -150 °C bis 1600 °C
- Heizraten: bis zu 100 K/min, typisch: 10 bis 20 K/min
- Typisches Probenvolumen: bis 0,25 cm^3
- Typische Probenmasse: einige Zehn bis einige Hundert Milligramm
- Besonders geeignet zur quantitative Bestimmung kalorischer Stoffgrößen

Probenpräparation:

- Möglichst keine Verunreinigungen oder Inhomogenitäten
- Feste, pulverförmige oder flüssige Proben möglich

Instrumentierung und Beispiele:

- Leistungsfähige, genau regulierbare Heizung und Kühlung
- Einrichtung zur Spülung mit Inertgas
- Zur Untersuchung chemischer Reaktionen auch Spülung mit Reaktionsgasen möglich
- Häufig kombiniert mit Thermogravimetrie
- Für Messungen unterhalb der Raumtemperatur Thermostat erforderlich

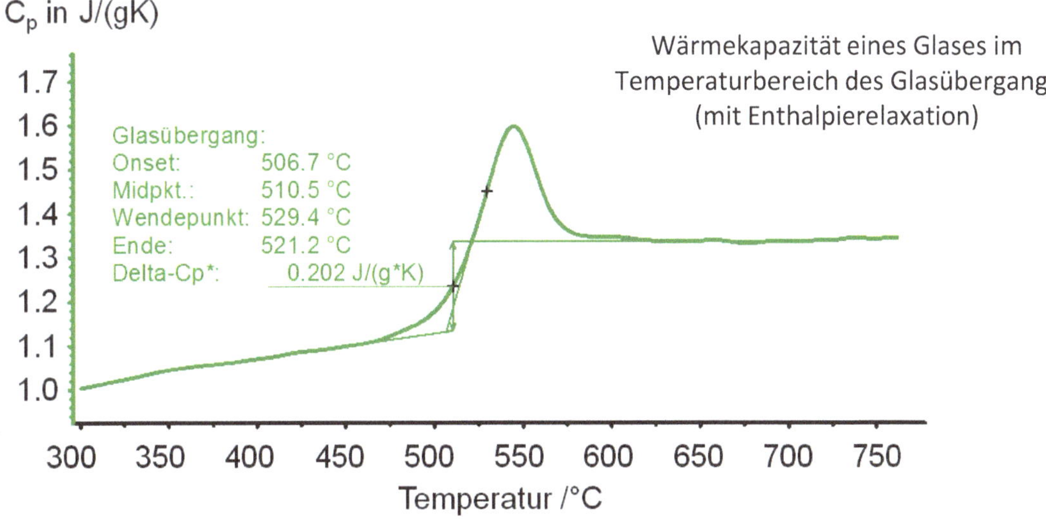

Wärmekapazität eines Glases im Temperaturbereich des Glasübergangs (mit Enthalpierelaxation)

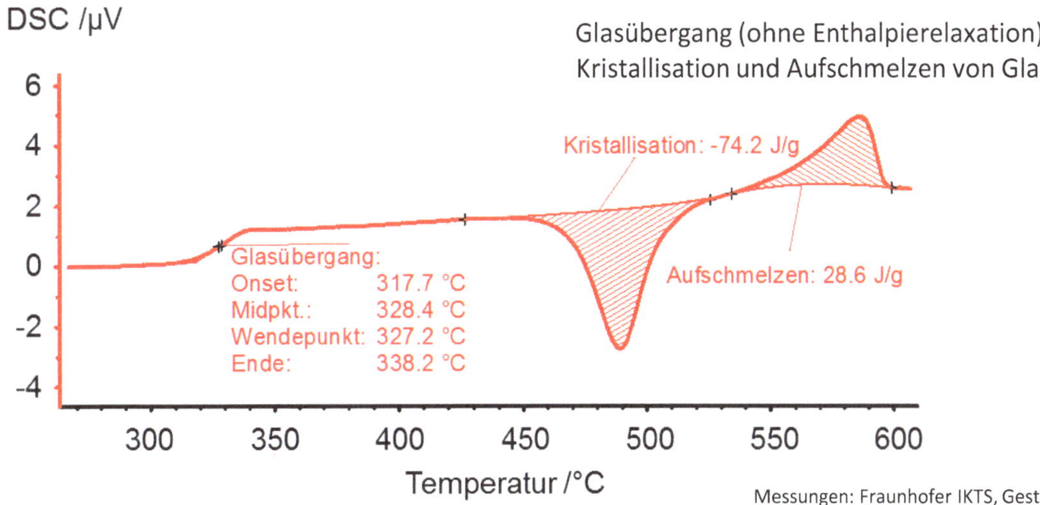

Glasübergang (ohne Enthalpierelaxation), Kristallisation und Aufschmelzen von Glas

Messungen: Fraunhofer IKTS, Gestrich

US - Ultraschall-Impuls-Echo-Verfahren

US - Ultrasonic Pulse Echo Technique

Anwendungen:

- Ermittlung von Fehlern (Ungänzen) an Werkstoffen und Bauteilen, z.B. Wurzel- und Flankenbindefehler bei der Schweißnahtprüfung (Winkelprüfkopf), Prüfung von Behälterwänden, Schienen, Schmiede- und Gussteilen sowie Verbundwerkstoffen mittels Normalprüfkopf (NP) oder Sende-Empfangsprüfkopf (SE) u.v.a.m.
- Wanddickenmessung, Blechprüfung, Wartungsinspektionen in der Luft- und Raumfahrt
- Bestimmung der Schallgeschwindigkeit in Werkstoffen

Funktionsprinzip:

Unter Ultraschall versteht man elastomechanische Wellen oder Impulse, die sich mit periodisch wiederholenden Druck- und Zugvorgängen im Frequenzbereich von 20 kHz bis ca. 2 GHz beschreiben lassen. Unmittelbar darunter liegen das Hörschall- und das Infraschallgebiet, darüber der Hyperschallbereich. Schallausbreitung ist immer an ein Medium gebunden. In Gasen und Flüssigkeiten breitet sich Ultraschall überwiegend als Longitudinalwelle aus. In Festkörpern kommt es wegen der auftretenden Schubspannungen zusätzlich auch zur Ausbreitung von Transversalwellen. Der Übergang von Luftschall in Festkörper oder Flüssigkeiten (oder umgekehrt) ist nahezu nicht vorhanden. Abhilfe schafft ein Koppelmedium (z.B. Gel) mit angepasster akustischer Impedanz sowie bestimmter Dicke. Treffen Schallwellen schräg auf eine ebene Grenzfläche („schallhart" oder „schallweich"), so treten, je nach Wellenart, Winkel und Werkstoffen, Reflexion, Brechung und Wellenumwandlungen (letztere entfallen bei einem 90°-Einfall) auf („Echo-Phasengleichlauf und starke Transmission" oder „Echo-Phasensprung und schwache Transmission"). Man unterscheidet das Impuls-Echo-Verfahren (Praxisstandard, klein und tragbar), die Ultraschallmikroskopie ↗SAM (bildgebend) sowie (weniger bedeutend) das Durchschallungsverfahren und das Resonanzverfahren. Beim Impuls-Echo-Verfahren sendet meist ein Sende-Empfangs-Prüfkopf (SE) US-Impulse in die Probe. Die Monitordarstellung startet synchron in der linken, unteren Bildschirmecke mit dem Sendeimpuls SI. Schallwellen, die wieder vom Prüfkopf empfangen werden, erzeugen die Echos (Ungänzenecho UE und Rückwandecho RWE) auf dem Bildschirm (Amplituden- oder A-Scan). Nach Eichung wird so jedem Echo der Schallweg s zugeordnet und die Lage der Ungänze bestimmt. Für Schweißnahtuntersuchungen kommen Winkelprüfköpfe zum Einsatz, die, wegen der Nahtüberhöhung, seitlich innerhalb des halben bzw. vollen „Sprungabstandes" bewegt werden. Die Größe einer Ungänze kann mittels „AVG-Diagramm", der „6dB-Abtastmethode" oder mittels eines geeichten „Vergleichskörpers" (Vergleichsreflektor) abgeschätzt werden.

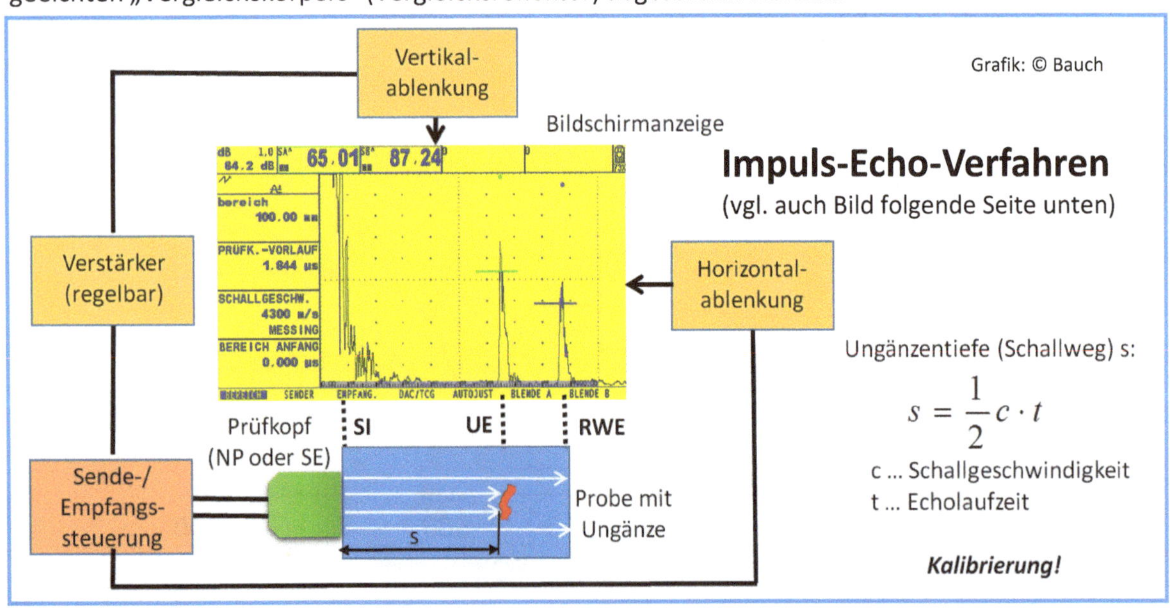

Leistungsprofil und -grenzen:

- Maximale Eindringtiefe des Ultraschalls ist stark material- und frequenzabhängig (typisches Beispiel bei 20 MHz und Kupfer: ca. 4 mm).
- Tiefenauflösung ist stark geräteabhängig (typisches Beispiel bei 15 MHz und Kupfer: ca. 0,3 mm).
- Höhere Frequenz liefert höhere laterale und axiale Auflösung, bei geringerer Eindringtiefe. Niedrigere Frequenz bedingt geringere laterale und axiale Auflösung, bei größerer Eindringtiefe.
- Fehlersuche im Nahfeld vermeiden (Sendeimpulseinfluss und komplizierte Interferenzstruktur)!

Probenpräparation:

- Einfach (frei von Schmutz und größeren Unebenheiten)

Instrumentierung und Beispiel:

- „Phased-Array-Technik" (Unterteilung des Kopfes in eine Vielzahl von Einzelelementen, Schallfeld kann programmgesteuert „geschwenkt", „tiefenfokussiert" und „verschoben" werden.)
- Kalibrierung der Prüfköpfe (z.B. mittels Kontrollkörper Nr. 1 nach DIN EN ISO 2400, s. Bild unten) ist notwendig

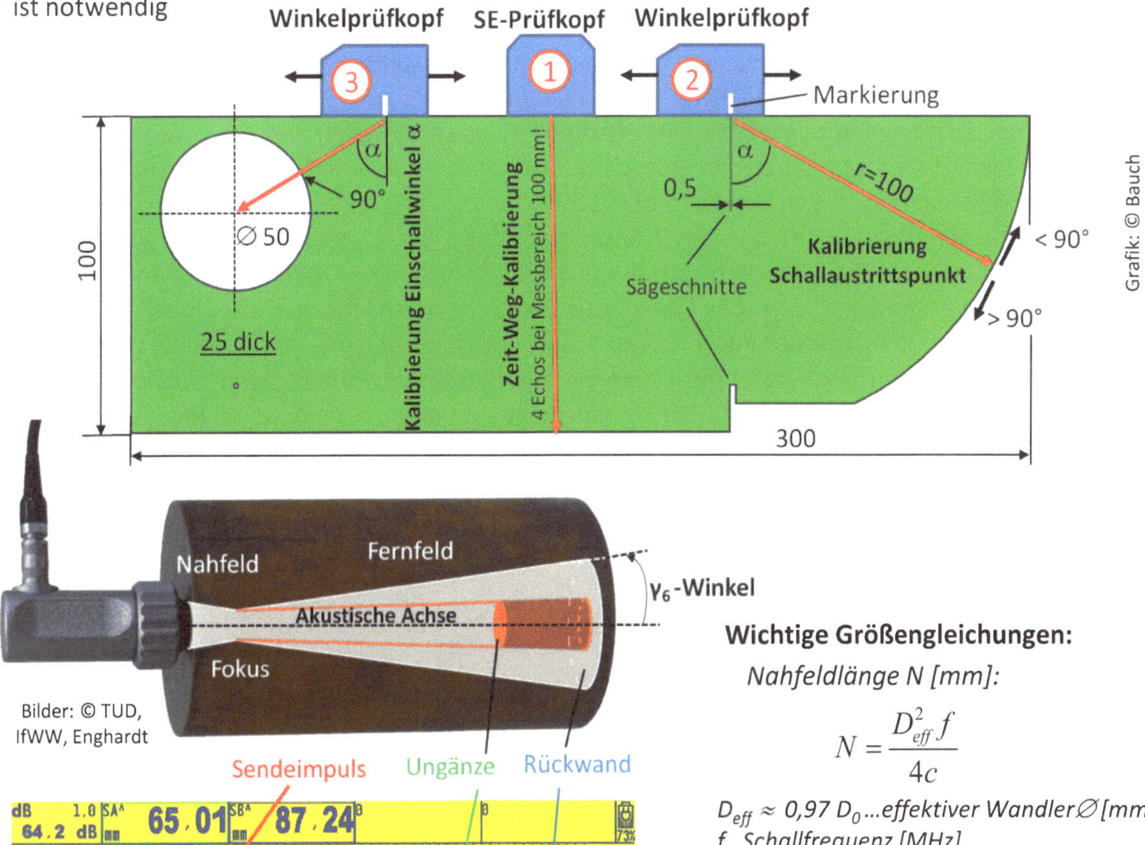

Bilder: © TUD, IfWW, Enghardt

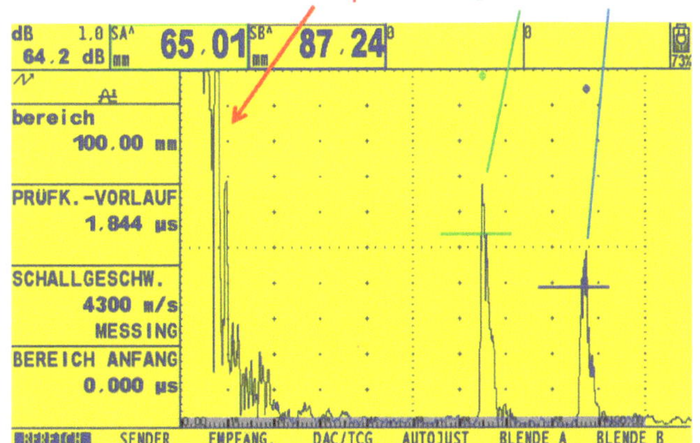

Wichtige Größengleichungen:

Nahfeldlänge N [mm]:

$$N = \frac{D_{eff}^2 f}{4c}$$

$D_{eff} \approx 0{,}97\ D_0$...effektiver Wandler⌀ [mm]
f...Schallfrequenz [MHz]
c...Schallgeschwindigkeit [km/s]

Divergenzwinkel γ_6:
(-6 dB-Abfall des Schalldrucks)

$$\sin \gamma_6 = \frac{0{,}51c}{D_{eff} f}$$

Untersuchung eines Messingzylinders mit Ungänze und eingezeichnetem Schallfeld sowie charakteristischen Parametern

SAM - Ultraschallmikroskopie

SAM - Scanning Acoustic Microscopy

Anwendungen:

- Zerstörungsfreie Detektion von Rissen, Einschlüssen und anderen Fehlern in Festkörpern
- Hauptanwendungsgebiet in der Aufbau- und Verbindungstechnik der Mikroelektronik
- In abgewandelter Form in der diagnostischen Medizin (Sonographie)

Funktionsprinzip:

Die Ultraschallmikroskopie (vgl. hierzu ↗US) oder auch akustische Mikroskopie ist ein bildgebendes und zerstörungsfreies Verfahren, welches mit Ultraschall im Frequenzbereich von 1 MHz bis 2 GHz arbeitet. Grundlegende Arbeiten dazu gehen bis in die 1930er Jahre zurück. Das erste akustische Rastermikroskop wurde in den 1970er Jahren von C.F. QUATE gebaut. Mit einem piezoelektrischen Schallkopf (sog. Transducer) wird ein kurzer Ultraschallimpuls (T < 3 ns) in die Probe geschickt. An Inhomogenitäten, Einschlüssen oder Grenzflächen kann die Ultraschallwelle absorbiert, gestreut oder reflektiert werden. Ein Teil des reflektierten Signals gelangt zum Transducer zurück, welcher jetzt umgeschaltet wird und als Detektor fungiert. Charakteristisch für die Probe sind die Amplitude, Phase und Laufzeit des reflektierten Signals, welche in der elektronischen Verstärker- und Auswerteeinheit sehr präzise erfasst und mit einem PC geeignet dargestellt werden. Probe und Transducer befinden sich in einem Flüssigkeitsbad, meist Wasser. In Luft oder in anderen Gasen wäre die Dämpfung der Schallwellen zu groß. Eine Reflexion der Ultraschallwellen findet an allen äußeren und inneren Grenzflächen statt, an denen sich die akustischen Impedanzen (Produkt aus Dichte und Schallgeschwindigkeit) der sich berührenden Stoffe unterscheiden. Der Betrag der Schalldruckamplitude des reflektierten (R) und des transmittierten Signals (T) berechnet sich aus den akustischen Impedanzen Z1 und Z2 nach unten stehenden Gleichungen. Damit ein laterales Bild der Probe erzeugt werden kann, wird der Transducer mit einer mechanischen Scaneinheit in x- und y-Richtung gescannt. Zur Realisierung weiterer Scanmodi ist auch eine Ansteuerung in z-Richtung möglich. Das SAM kann auch im Transmissionsmodus betrieben werden, dann wird ein separater Detektor unter der Probe angebracht. Hier ist man nicht auf den Impulsbetrieb angewiesen und kann mit einem Dauerstrichsignal arbeiten, was das Signal-Rausch-Verhältnis erheblich verbessert. In der diagnostischen Medizin ist dieses Verfahren in abgewandelter Form weit verbreitet (geringere Frequenzen, Scannen nach dem Phased-Array-Prinzip; vgl. ↗US).

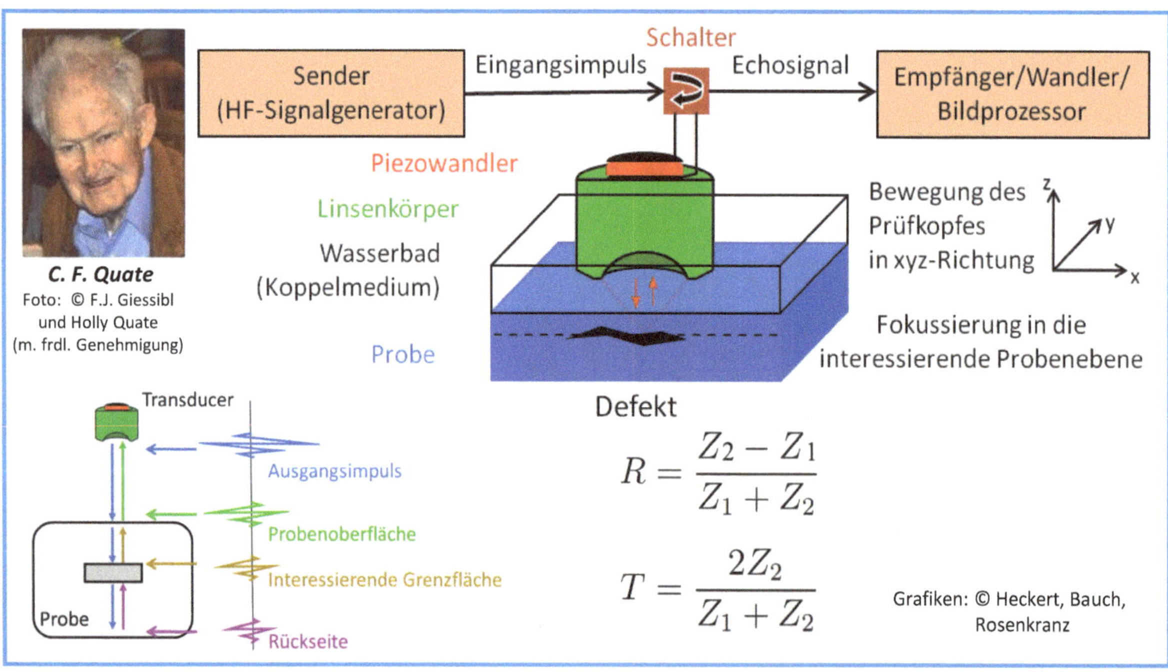

C. F. Quate
Foto: © F.J. Giessibl und Holly Quate (m. frdl. Genehmigung)

$$R = \frac{Z_2 - Z_1}{Z_1 + Z_2}$$

$$T = \frac{2Z_2}{Z_1 + Z_2}$$

Grafiken: © Heckert, Bauch, Rosenkranz

Leistungsprofil und -grenzen:

- Laterale Auflösung stark von Frequenz abhängig, z.B. für Cu: 100 µm (20 MHz) bis 0,7 µm (2 GHz)
- Eindringtiefe stark von Frequenz abhängig, z.B. für Cu: 4 mm (20 MHz) bis 10 µm (2 GHz)
- Proben müssen wasserbeständig sein.
- Nachzuweisender Defekt muss in gewisser Mindesttiefe unter der Probenoberfläche liegen, um dessen reflektiertes Signal zeitlich vom Eintrittsecho trennen zu können und komplizierte Nahfeldeffekte möglichst auszuschließen.
- Es sind verschiedene Scanmodi möglich, B-Scan: tiefenaufgelöste Querschnittsaufnahme in y-Richtung, C-Scan: farbcodierter Schnitt parallel zur Einstrahlungsfläche in definierter Tiefe (Darüber hinaus gibt es eine Vielzahl weiterer, teils herstellerbezogener Scanmodi.)
- Prüffrequenzen von 1 bis 5 MHz (Schweißnahtprüfung) bis 2 GHz (Nutzung von Oberflächenwellen), in der Elektronik (AVT) ca. von 30 MHz bis 250 MHz

Probenpräparation:

- Zerstörungsfreies Verfahren, in der Regel keine spezielle Präparation erforderlich
- Einstrahlungsebene muss glatt und plan sein.

Instrumentierung und Beispiel:

- Anspruchsvolle HF-Elektronik für Impulsgeber und Signalverstärker
- Mechanische Scaneinheit mit Wasserbad für Frequenzen bis ca. 500 MHz
- Ab ca. 500 MHz inverses Lichtmikroskop als Grundgerät, Einkopplung der US-Welle über einen Wassertropfen

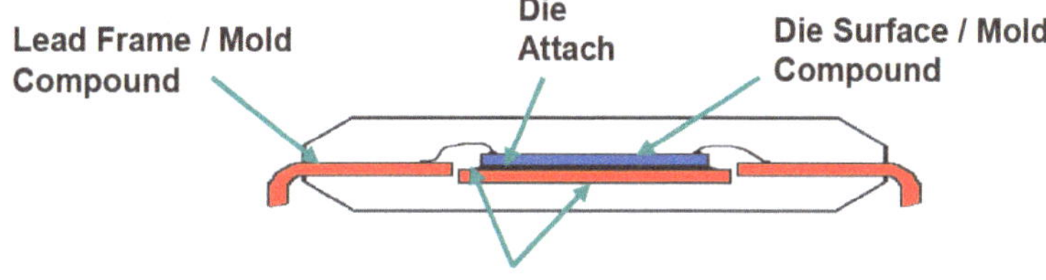

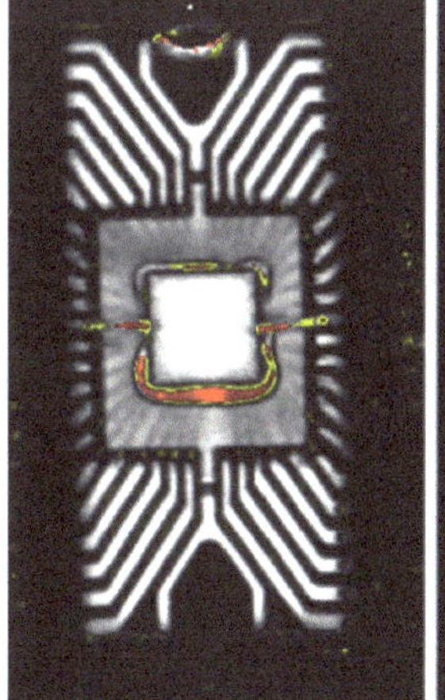
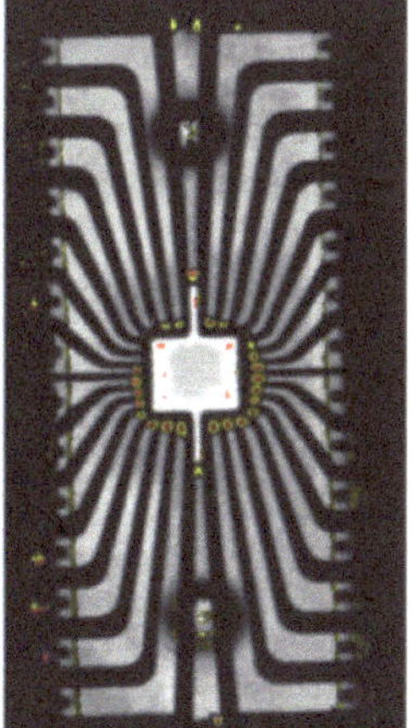
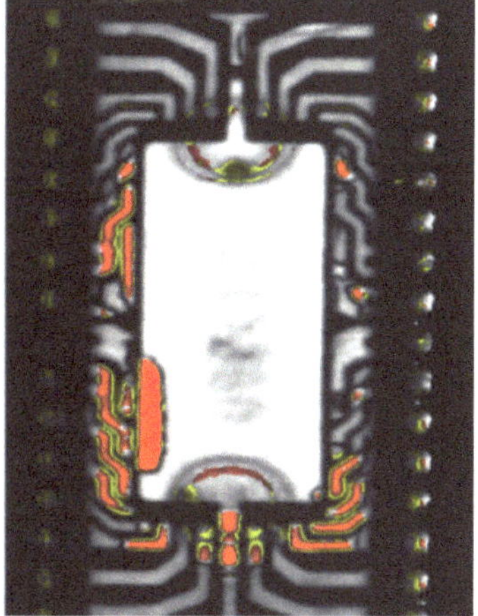

Aufnahmen: TUD, IAVT

Verkapselte mikroelektronische Bausteine: Die Leadframekontakte sind deutlich zu sehen, ebenso der Chip mit dem Chipkleber. An den rot dargestellt Stellen erlitt die Ultraschallwelle einen Phasensprung, weil dort ein Hohlraum vorliegt. Dieser ist die Folge einer Delamination der Vergussmasse vom Leadframe, welche teilweise bis nach außen reicht und das Eindringen von Feuchtigkeit und aggressiven Medien begünstigt (Zuverlässigkeitsrisiko).

EC - Wirbelstromtechnik

EC - Eddy Current Technique

Anwendungen:

- Rissprüfung an Oberflächen und oberflächennahen Bereichen von Bauteilen (auch mit Beschichtung und bei mehrlagigen Komponenten möglich)
- Verwechslungsprüfung (Sind Bauteile in Bezug auf den Werkstoff weitgehend identisch?)
- Schichtdickenmessung, z.B. Farbschichtdicke (Fahrzeugtechnik), bei Unterlegung mit einem Fremdsubstrat auch für nichtleitende Folien und Schichten geeignet (z.B. Polymerfolien)
- Kontrolle von Nietverbindungen (Luftfahrt) und Messung der elektrischen Leitfähigkeit

Funktionsprinzip:

Die physikalischen Grundlagen der Methode wurden von H.C. OERSTED, M. FARADAY und J.C. MAXWELL im 19. Jh. gelegt. Ein durch eine Primärspule fließender Wechselstrom erzeugt ein magnetisches Wechselfeld, wodurch nach dem Aufsetzen auf die leitende Probe in dieser Wirbelströme induziert werden, deren Dichte mit zunehmender Probentiefe abnimmt, was die Methode auf Oberflächen und oberflächennahe Bereiche begrenzt. Der Wirbelstromfluss hängt von geometrischen und elektrischen Parametern der Probe ab. Die Wirbelströme erzeugen selbst ein magnetisches Gegenfeld (Lenz'sche Regel), dessen defektinduzierte Veränderungen (Risse usw.) über eine Impedanzmessung mittels einer zweiten Spule (Sekundär- oder Messspule) registriert und auf einem Display zur Anzeige gebracht werden. Dabei dominieren Systeme mit fortlaufender Anzeige der Risstiefe oder solche mit Impedanzebenen-Darstellung (s. Bilder nächste Seite), in der sich ein Leuchtpunkt, welcher die Spitze des Impedanzvektors repräsentiert, bewegt. Bei einigen praktischen Anwendungen hat letztere Darstellungsform Vorteile. Primär- und Sekundärspule sind in ein gemeinsames Sensorgehäuse integriert. Die Verwendung einer dritten Spule, die mit der ursprünglichen Sekundärspule zu einer transformatorischen Differenzanordnung geschaltet wird, erleichtert durch eine größere Auflösung wesentlich die Detektion feiner Risse (Bild unten rechts). Einzelspulensysteme sind nicht mehr üblich. Zur Anpassung der Messung an unterschiedliche Materialklassen der Proben ist ein Set mehrerer, spezifisch abgestimmter Sensoren notwendig.

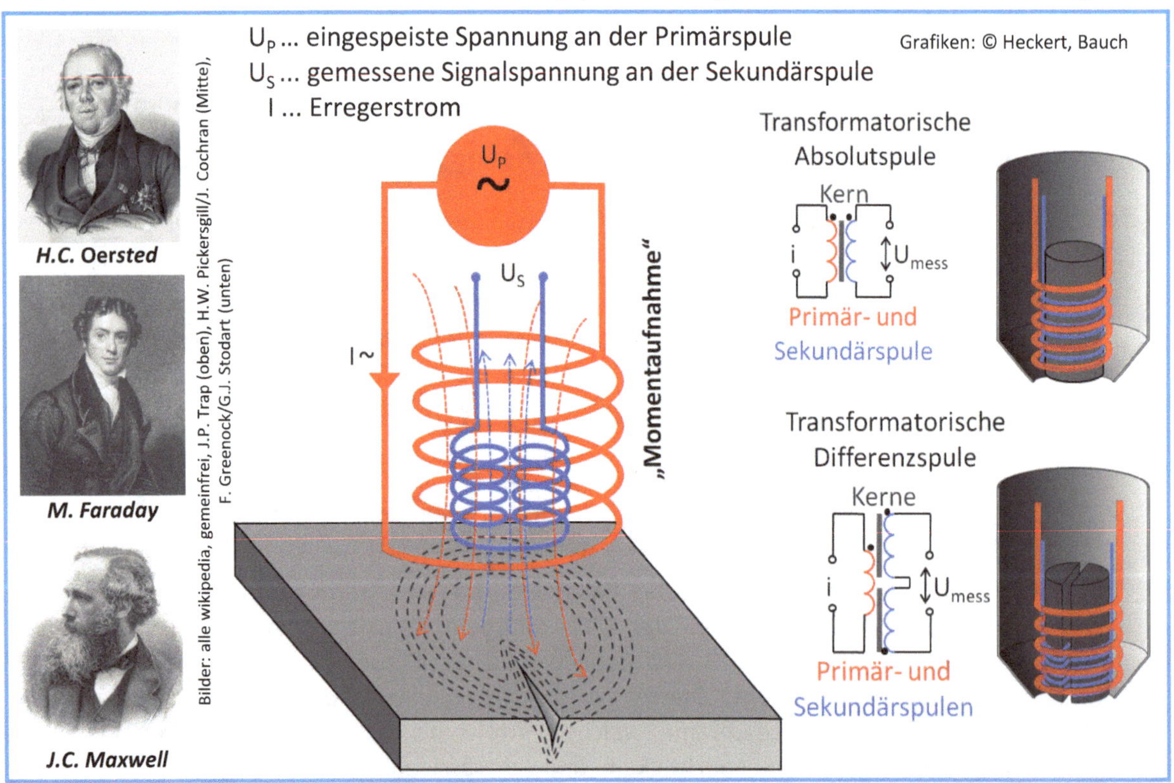

Leistungsprofil und -grenzen:

- Untersuchung von Oberflächen und oberflächennahen Bereichen leitender Proben bei Prüffrequenzen von ca. (10 Hz) 100 Hz bis 10 MHz (gerätetechnisch teilweise wählbar)
- Eindringtiefe δ, bis zu der Informationen mit guter Auflösung gewonnen werden können: bis zu 2 mm, Rissgrößenauflösung ca. 20 µm (geräte- und prüffrequenzabhängig)
- Wichtige Einflussfaktoren sind:
    - Elektrische Leitfähigkeit σ der Probe (konstant, variabel bei Verwechslungsprüfung)
    - Permeabilität μ der Probe bzw. der Umgebung (variabel, z.B. Rissprüfung)
    - Geometrie des Sensors und der Probe, z.B. Auflagefläche (konstant)
    - Prüffrequenz f bzw. ω (variabel, aber während der Prüfung konstant)
    - Erregerstrom I des Sensors (herstellerbedingt konstant)
    - Windungszahl n und Form des Sensors (pro Sensor herstellerbedingt konstant)
    - Abstand Sensor-Prüfobjekt D (konstant, möglichst Null)
    - Abstand Sensor-Prüfobjekt D (bei Schichtdickenmessung variabel), bei Unterlegung eines Fremdsubstrates auch nichtleitende Schichten untersuchbar
- Die Eindringtiefe δ ist im Wesentlichen eine Funktion der Permeabilität, der elektrischen Leitfähigkeit und der Prüffrequenz f. Sie nimmt mit wachsender Frequenz ab; gleichzeitig steigt die Auflösung (Anwendungsfall der oberflächennahen Feindrahtrissprüfung).

Probenpräparation:

- Einfach (frei von Schmutz und größeren Unebenheiten)

Instrumentierung und Beispiel:

- Kleine, mobile Geräte

Physikalische Bedeutung der von vielen Geräten angezeigten, sogenannten „Impedanzebene" (Sichtbar ist dabei meist nur der Arbeitspunkt A, der als grüner oder blauer Punkt erscheint.)

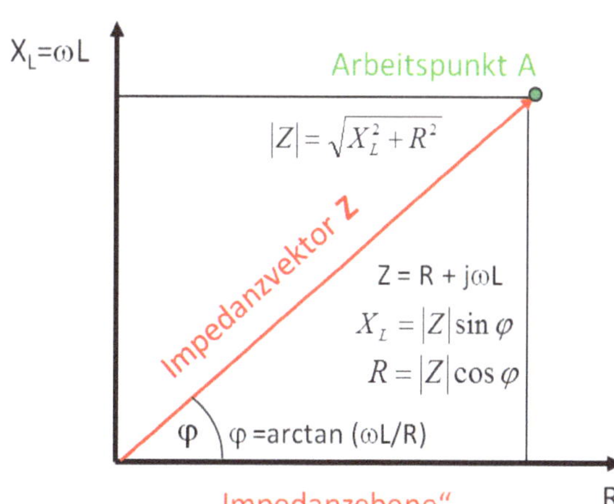

Grafik und Bilder: © Bauch

Arbeitspunkt A

Alarmblenden

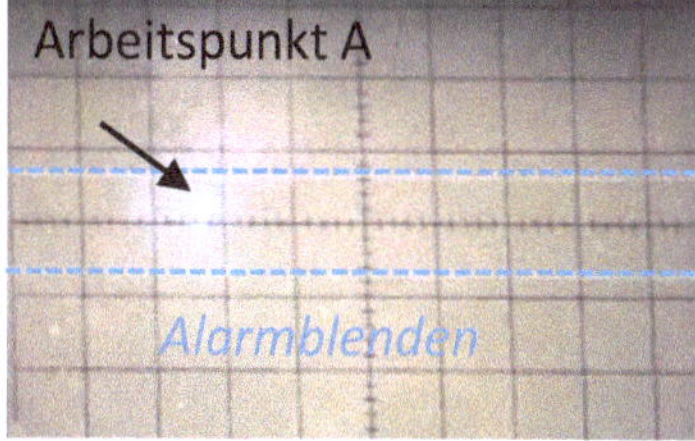

Monitoranzeige

A ist oberhalb Alarmblende (Bolzen richtig eingebaut)

A ist unterhalb Alarmblende (Bolzen falsch eingebaut)

Nachweis des seitenrichtigen Einbaus von Haltebolzen in ein Transportband für Getränkekisten

VSM - Vibrationsmagnetometer

VSM - Vibrating Sample Magnetometer

Anwendungen:

- Messung des magnetischen Moments einer Probe in Abhängigkeit von der externen magnetischen Feldstärke und daraus (häufig) Hysteresekurvenbestimmung mit Koerzitivfeldstärke, Sättigungsmagnetisierung und Remanenz (sehr oft auch in Abhängigkeit von der Temperatur)
- Messung der Übergangstemperatur (Curie- oder Néel-Temperatur)
- Bestimmung der Art der magnetischen Ordnung und der Orientierung des magnetischen Moments
- Charakterisierung der magnetischen Ankopplungsstärke von verbundenen Schichten

Funktionsprinzip:

S. FONER entwickelte in den späten 1950er Jahren die VSM-Technik (Veröffentlichung 1959) am MIT nach der Idee von D.O. SMITH.
Die Probe wird an einer langen Spindel befestigt, die in ein durch Elektromagnete erzeugtes homogenes Magnetfeld mit der Feldstärke H abgesenkt wird. Dieses Feld magnetisiert die Probe. Mittels Vibrator (meist Piezo-Element) werden Probenhalter und Probe zu periodischen Schwingungen längs der Vibrationsrichtung mit konstanter Frequenz angeregt. Durch die Bewegung (zeitlich geänderter magnetischer Fluss) kann das magnetische Dipolmoment der Probe über die induzierte Spannung in den räumlich nah angeordneten Sondenspulen gemessen werden.
Mathematisch ist die induzierte Spannung durch die Gleichung $U_{sonde}(t) = m\omega GA \sin(\omega t)$ gegeben, wobei m das magnetische Probenmoment, ω die Kreisfrequenz, G ein Geometriefaktor und A die Vibratoramplitude sind. Der Faktor G (auch Koppelfaktor) resultiert daraus, dass die Sondenspulen einen Abstand zur Probe haben und deshalb nur einen Teil des Feldes erfassen. Er wird mittels Messung einer bekannten Probe kalibriert. Durch Variation des Erregerstroms der Magnetspulen ist das magnetische Moment m einer Probe als Funktion des äußeren Magnetfeldes H auf diese Weise ermittelbar und es sind somit Hysteresekurven darstellbar.

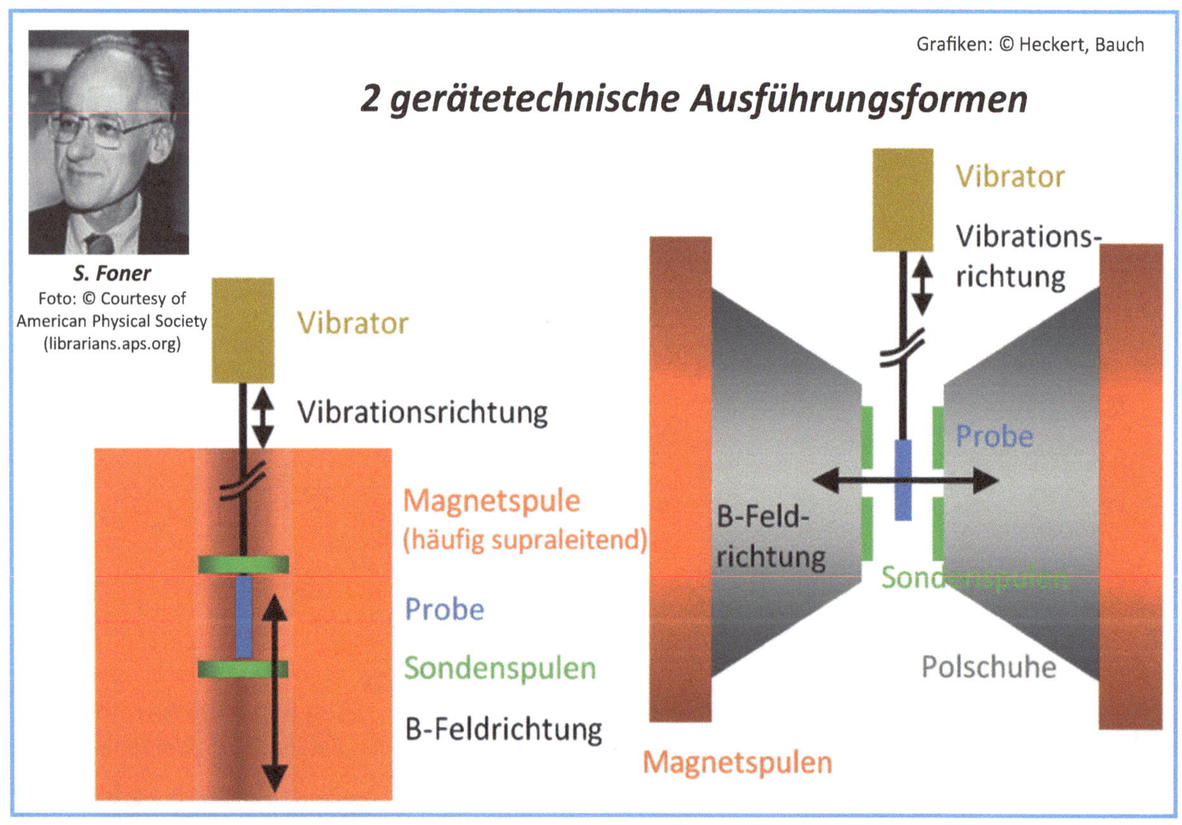

Leistungsprofil und -grenzen:

- Beste Empfindlichkeit typisch bei m ≈ 1 bis 5 · 10^{-7} emu („electromagnetic unit")
- Sehr homogenes Magnetfeld im Bereich von Probe und Sondenspulen notwendig
- Typische Vibrationsfrequenzen von 10 bis 100 Hz
- Typischer Weg der Probenbewegung 1 bis 10 mm (durch Sondenspulenanordnung begrenzt)
- Maximale Probenmasse ca. 200 mg (Begrenzung durch Vibratoreigenschaften, geräteabhängig)

Probenpräparation:

- Staub- und schmutzfrei
- Nur kleine Probenabmessungen (typisch bis zu 10×10×10 mm^3) möglich
- Im Falle von Schichten separate Messung des Substrats erforderlich

Instrumentierung und Beispiele:

- Für höchste Genauigkeit Kalibrierung des VSM gegen einen Standard (Abmessungen vergleichbar zu denen der Probe!) notwendig
- Option: Gerätezusätze für Hoch- und Tieftemperaturmessungen verfügbar

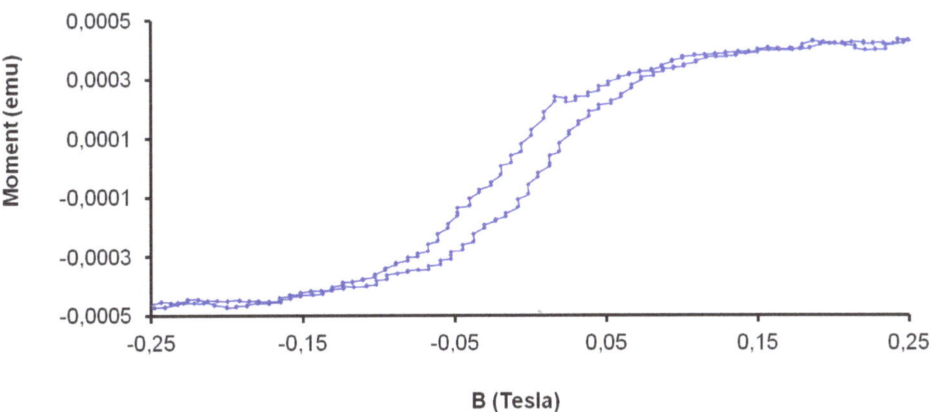

Messung: TU Dresden, IfWW, Boucher

Magnetisches Moment von $La_{0.7}Sr_{0.3}MnO_3$-Nanodrähten in Abhängigkeit von der magnetischen Induktion bei einer Temperatur von 50 K

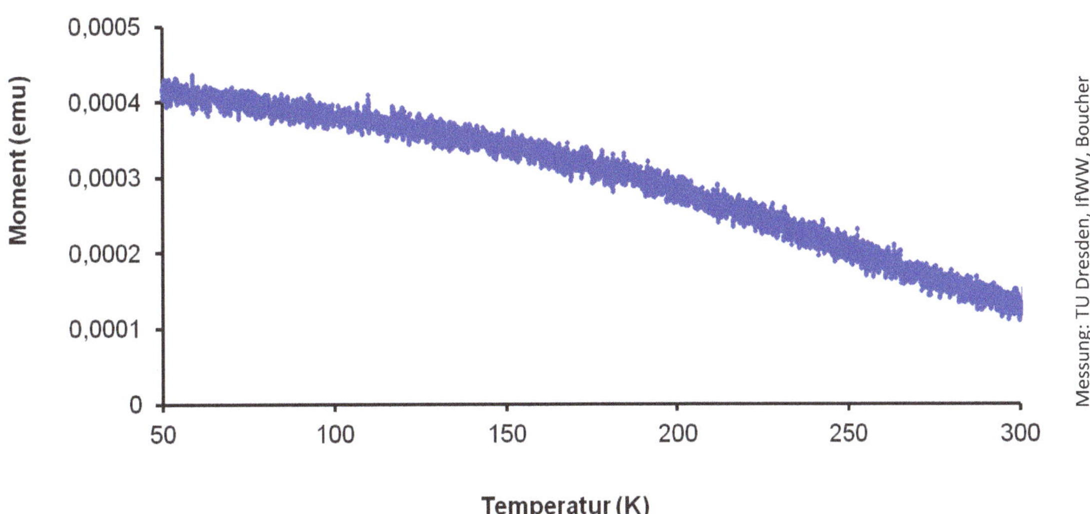

Messung: TU Dresden, IfWW, Boucher

Magnetisches Moment von $La_{0.7}Sr_{0.3}MnO_3$-Nanodrähten in Abhängigkeit von der Temperatur bei einer magnetischen Induktion von 0,4 T

Danksagung

Die Autoren möchten sich ganz herzlich bei folgenden Kolleginnen und Kollegen sowie Firmen für die Unterstützung dieses Buchprojektes mit Applikationsbeispielen bedanken:

Dipl.-Phys. F. Altmann (Fraunhofer IWM, Halle)
Dr. F. Bauer (Oxford Instruments GmbH, Wiesbaden)
Dipl.-Chem. R. Born (EKF-diagnostic GmbH, Magdeburg)
Dr. R. Boucher (TU Dresden, IfWW)
Dr. J. Brechbühl (Fa. Bruker AXS GmbH, Karlsruhe)
Dr. K.-J. Eichhorn (IPF Dresden)
Dr. H.-J. Engelmann (Fa. GlobalFoundries Dresden, Module Two LLC & Co. KG)
Dipl.-Math. St. Enghardt (TU Dresden, IfWW)
Dr. K. Erlacher (Fa. Bruker AXS GmbH, Karlsruhe)
Th. Führlich (TU Dresden, IfWW)
Dr. T. Gestrich (Fraunhofer IKTS Dresden)
Dr. P. Gnauck (Fa. Zeiss Microscopy GmbH)
Dr. A. Gross (Fa. Bruker Nano GmbH, Berlin)
Dr. habil. J. Härtwig (ESRF Grenoble)
Dr. R. Heller (Helmholtz-Zentrum Dresden-Rossendorf e.V.)
Dr. V. Hoffmann (IFW Dresden)
Dr. H. Hortenbach (SGS Institut Fresenius GmbH, Dresden)
Dr. I. Kaban (IFW Dresden)
Dr. S. Kehr (TU Dresden, IAPP)
Dr. B. Köhler (Fraunhofer IKTS Dresden)
Dr. S. Kölling (TU Eindhoven)
Dr. P. Krüger (Fraunhofer IKTS Dresden)
Dr. E. Langer (GlobalFoundries Dresden)
Dr. M. Malanin (IPF Dresden)
Dr. T. Modes (Fraunhofer FEP Dresden)
Dr. habil. U. Mühle (TU Dresden, IfWW)
PD Dr.-Ing. habil. M. Oppermann (TU Dresden, IAVT und ZMP)
Dr. St. Oswald (IFW Dresden)
Dipl.-Phys. A. Rummel (Fa. Kleindiek Nanotechnik GmbH, Reutlingen)
Dr. M. Schaulin (TU Dresden, IAVT und ZMP)
Prof. Dr. R. Schäfer (IFW Dresden)
M.Sc. M. Scherrer (Fa. Bruker AXS GmbH, Karlsruhe)
Dr. M. Schneider (Fraunhofer IKTS Dresden)
Dr. V. Schubert (TU Dresden, IfWW)
Y. Standke (Fraunhofer IKTS Dresden)
Dr. H. Stosnach (Fa. Bruker Nano GmbH, Berlin)
Dr. H. Turnow (IFW Dresden, SAWLab)
Dr. M. Weisheit (Fa. GlobalFoundries Dresden, Module Two LLC & Co. KG)
Dr. E. Welter (DESY Hamburg)
Dr. habil. H. Wohlrabe (TU Dresden, IAVT und ZMP)
Dr. S. Zaefferer (MPI für Eisenforschung GmbH, Düsseldorf)
Dr. M. Zimmermann (Fa. Bruker AXS GmbH, Karlsruhe)

Herrn M. Heckert danken wir für die Bearbeitung zahlreicher Grafiken, Frau S. Bauch für die orthographische und grammatikalische Durchsicht und Frau E. Hestermann-Beyerle vom Verlag Springer Vieweg für die förderliche Zusammenarbeit.

Dresden, Dezember 2016 — Jürgen Bauch und Rüdiger Rosenkranz

Über die Autoren

Foto: © Ch. Hüller

Prof. Dr.-Ing. habil. Jürgen Bauch

Jahrgang 1956, studierte von 1977 bis 1982 Informationstechnik an der Technischen Universität Dresden und diplomierte mit einem Thema der Mikroelektroniktechnologie. Danach wechselte er an das Institut für Werkstoffwissenschaft (IfWW) der TU Dresden, promovierte und habilitierte sich dort 1986 bzw. 2001. Die Lehrbefugnis (Privatdozent) wurde ihm 2002 erteilt und 2009 folgte die Ernennung zum außerplanmäßigen Professor auf dem Gebiet der Physikalischen Werkstoffdiagnostik. Seit 2003 leitet er die Arbeitsgruppe Werkstoffdiagnostik am IfWW der TU Dresden.

Foto: © privat

Dr. rer. nat. Rüdiger Rosenkranz

Jahrgang 1957, studierte von 1977 bis 1982 Physik an der Martin-Luther-Universität Halle-Wittenberg, wo er zum Thema ferroelektrische Funktionskeramik diplomierte und später auch promovierte. Danach wechselte er an das Institut für Halbleiter- und Mikrosystemtechnik der TU Dresden, wo er sich mit Physikalischer Werkstoffdiagnostik beschäftigte. Auf gleichem Gebiet war er von 1994 bis 2009 in einem großen Dresdner Mikroelektronikunternehmen tätig. Seit 2009 arbeitet er im Institutsteil Materialdiagnostik des Fraunhofer-Instituts für Keramische Technologien und Systeme.

Zeitfracht Medien GmbH
Ferdinand-Jühlke-Straße 7
99095 Erfurt, Deutschland
produktsicherheit@kolibri360.de